上海市2024年度“科技创新行动计划”科普专项项目（24DZ2304000）

你好！前沿科技

能源材料

胡玺丹　王俊卿◎主编　张雨嘉　蔡一超◎著　姚婷◎绘

華東理工大學出版社
EAST CHINA UNIVERSITY OF SCIENCE AND TECHNOLOGY PRESS

图书在版编目（CIP）数据

你好！前沿科技. 能源材料 / 胡玺丹, 王俊卿主编；张雨嘉, 蔡一超著；姚婷绘. -- 上海：华东理工大学出版社, 2025. 7. -- ISBN 978-7-5628-7813-1

Ⅰ. N49；TK01-49

中国国家版本馆CIP数据核字第2025AH9551号

策划编辑 / 曾文丽
责任编辑 / 郑　逸　曾文丽
特约编辑 / 张润梓
责任校对 / 陈婉毓
装帧设计 / 居慧娜
出版发行 / 华东理工大学出版社有限公司
地址：上海市梅陇路130号，200237
电话：021-64250306
网址：www.ecustpress.cn
邮箱：zongbianban@ecustpress.cn
印　　刷 / 苏州工业园区美柯乐制版印务有限公司
开　　本 / 787 mm × 1092 mm　1/16
印　　张 / 3
字　　数 / 50千字
版　　次 / 2025年7月第1版
印　　次 / 2025年7月第1次
定　　价 / 30.00元

序言

当“天问”探火、“嫦娥”揽月、“蛟龙”入海成为现实图景，当量子计算突破算力边界、人工智能重构生产模式、基因编辑改写生命密码，我们正身处一个科技深刻改变人类命运的时代。上海科技馆展教团队结合自身科普教育经验，精心创作《你好！前沿科技》系列丛书，恰是为公众打开了一扇眺望未来的窗口。欣闻图书即将出版，我很高兴能为这套凝聚心血的科普力作撰写序言。

在人类文明发展的历程中，科技始终扮演着至关重要的角色。回望过去，人类第一座可控核反应堆“芝加哥一号堆”的成功运转，开启了原子能时代；第一台通用计算机“埃尼阿克”的诞生，开启了数字时代；第一次发现 DNA 双螺旋结构，开启了分子生物学时代……创新似浪，奔涌不息！科技重塑着我们对世界的认知，改变着人类文明的轨迹。面向当代科技“指数级跃迁”的发展，公众亟需对前沿科技有更广更深的认知，来理性地看待科技发展带来的机遇与挑战，更好地适应这个日新月异的时代。尤其是广大青少年，对于他们而言，科普前沿科技更是意义深远。

我曾见过许多孩子沉浸于科技馆的互动展品，流连忘返，面对神奇的科学实验秀发出一阵阵惊叹。青少年时期是思维最活跃、好奇心最旺盛的阶段，而优秀的科普图书正是打开科学之门的钥匙。《你好！前沿科技》系列科普图书分为《数字智能》《能源材料》《深蓝探索》《生命科学》四本分册，共选取 80 个前沿科技话题，深入浅出地解析前沿科技背后的科学原理，多维度揭示前沿科技对生产生活的影响。

在《数字智能》中，你将看到信息技术、数字技术、人工智能技术是如何让我们的生活更加智能的；在《能源材料》中，你会惊叹人类生存的根基——从石墨烯的原子级革新，到核聚变的人造太阳梦想，从光伏电池对太阳能的极致转化，到海水制氢开启的蓝色能源革命；在《深蓝探索》中，你会踏上人类探索未知领域的伟大征程，伴“雪龙 2”号破冰船以双向破冰技术劈开南极冰原，随“奋斗者”号载人潜水器在万米海沟完成深潜试验；在《生命科学》中，你会见证科技对生命的守护，CAR-T细胞疗法打造抗癌“特种兵”精准消灭癌细胞，基因编辑技术挥动“魔法剪刀”修复缺陷基因。《你好！前沿科技》以最具话题性和创新性的科技“新鲜事”，撬开青少年探索科技的好奇心；通过大量简洁生动的插图，将抽象的概念可视化，增加阅读的趣味性；搭配 STEM 课程、前沿科技实验室探秘等科普视频，让阅读跳出书本，在理论与实践的对话中构建完整的科学认知体系。

最后，我郑重地向广大读者尤其是青少年朋友们推荐本书，《你好！前沿科技》的独特价值在于：它既不是艰深晦涩的学术报告，也不是浮浅零散的快餐资讯，而是在学术性与可读性之间找到了巧妙的平衡点。希望《你好！前沿科技》系列科普图书可以以理性之光照亮科学探索的前路，引领大家走向更广阔的科学天地，在青少年读者心中播下科学的种子，助力青少年成为中国科技创新的明日之星。

全国政协委员
上海科技馆馆长

CONTENTS 目录

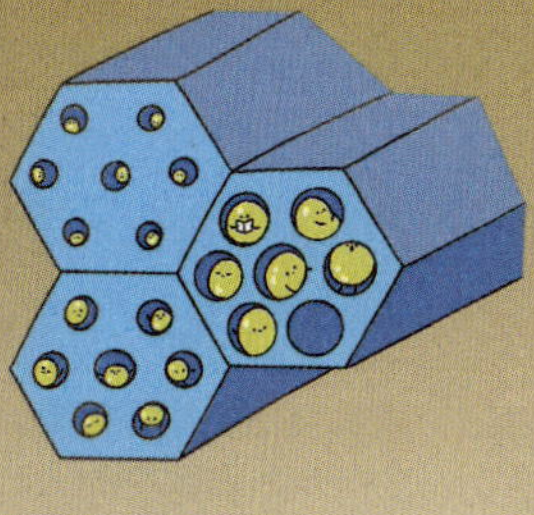

海水制氢，
开启蓝色能源时代

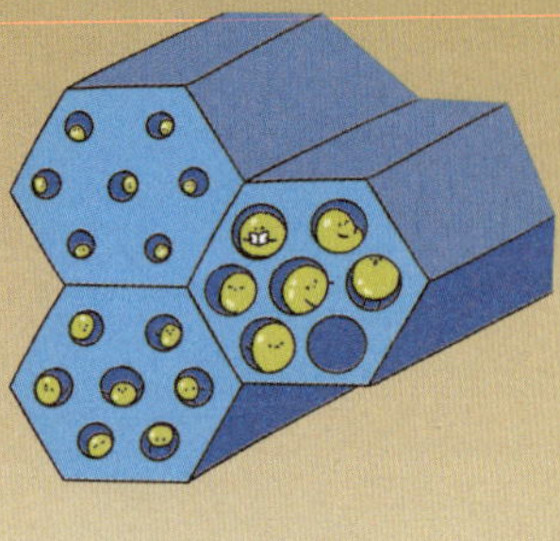

扫一扫，看视频

科技前沿

2024年10月15日，深圳大学的研究团队提出的一种新的解耦式海水直接电解制氢策略发表于《自然·通讯》（*Nature Communications*）期刊，该策略将为海水直接电解制氢的产业化发展提供理论指导。

氢能是以氢气（H_2）作为能量载体，通过氢气与氧气（O_2）的化学反应（燃烧或电化学氧化）释放出的能量，广泛应用于交通运输、工业、发电和储能等领域。氢能清洁、高效、可再生，是最具发展潜力的清洁能源之一。既然水（H_2O）中蕴含丰富的氢元素，那是不是意味着海洋中有取之不尽的氢能源呢？

海水制氢的挑战

目前，应用最广泛的制氢方案是“天然气重整”，但这种方法会产生大量二氧化碳，对环境不友好，生产的氢气被称为“灰氢”。而电解水这种环保方案制取的氢气被称为“绿氢”。

水分子可以通过电解分解为氢气和氧气。听起来好像很简单？事实上，利用电解法从海水中提取氢气面临着多重挑战。

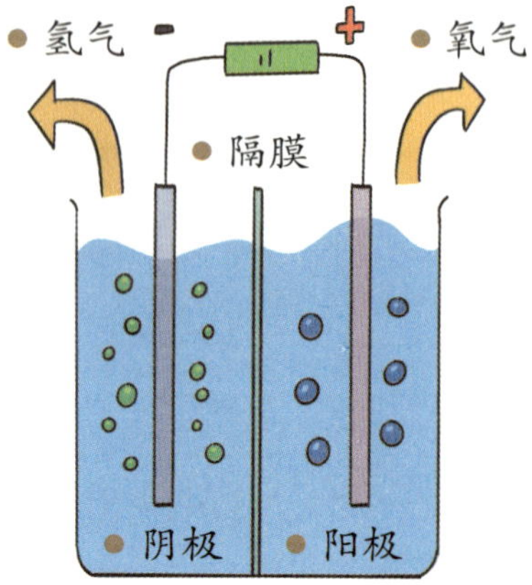

海水中含有多种离子化合物，元素组成复杂。如果直接电解海水制氢，这些成分会降低氢气的提取效率。另一种方式是将海水淡化，去除杂质后电解，但相关设备成本高、占地面积大，限制了其大规模应用。

解决问题的答案藏在哪儿呢？

日常生活中，我们常常会用盐水浸泡果蔬来杀菌，这是因为水分会从低浓度区域向高浓度区域迁移，高浓度的盐水会导致果蔬表面细菌中的水分流失，使细菌脱水死亡。

这一原理与研究团队开发的“海水无淡化电解制氢技术”异曲同工。该技术在海水和氢氧化钾溶液之间设置防水透气膜，仅允许水分子通过，有效阻隔盐分，整个过程无须借助外部电力，不仅高效环保，还大幅降低了制氢成本。

随着这一技术的发展和完善，海水制氢将有可能成为未来能源革命的关键，为全球的清洁能源转型提供强大动力。

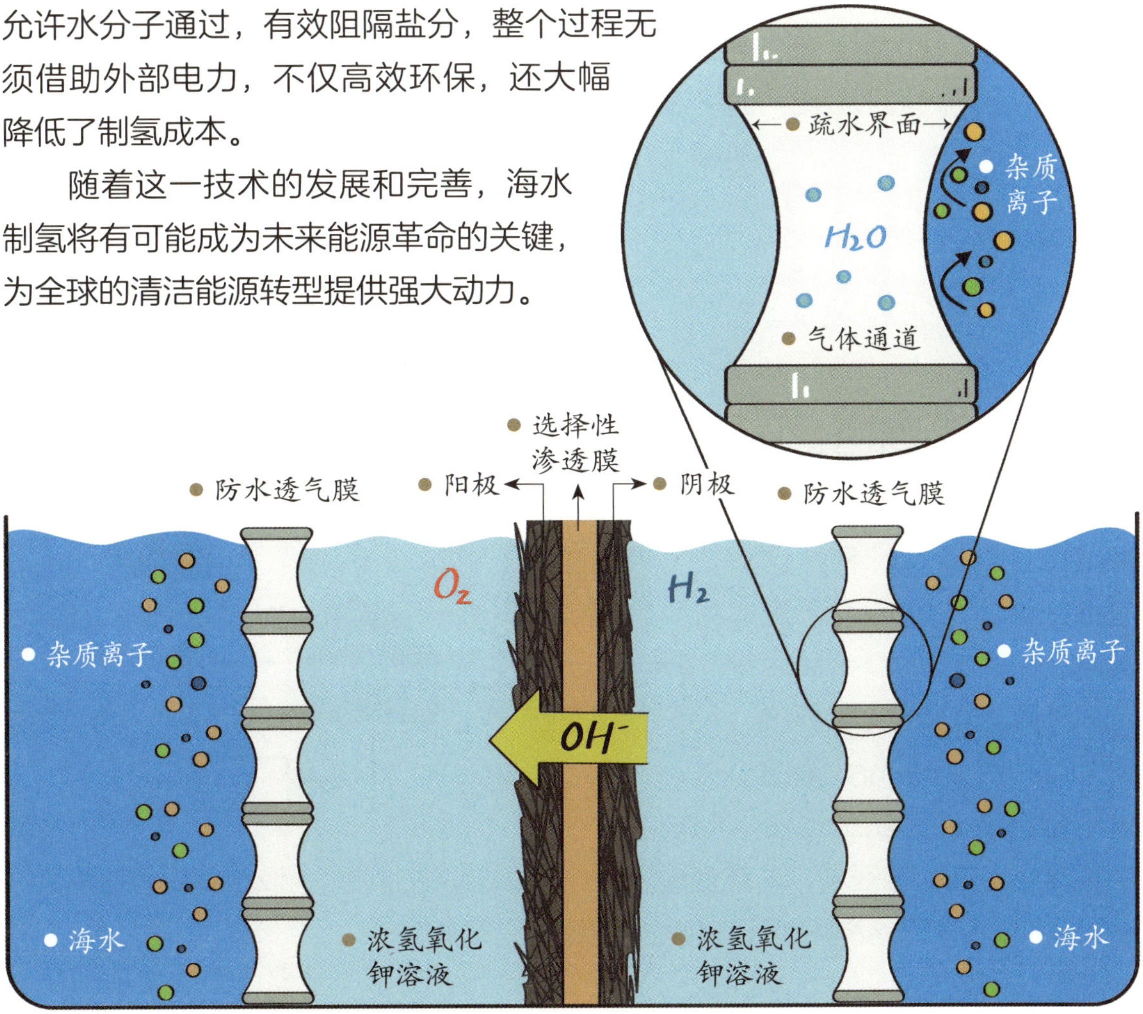

漂浮在海上的“太阳能岛屿”

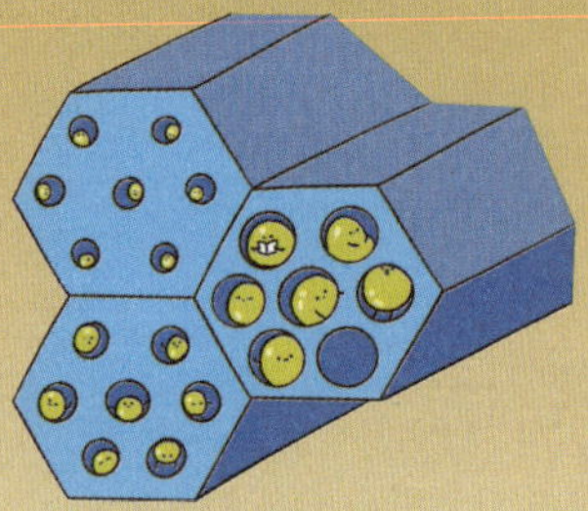

科技前沿

2024年9月10日，我国首套自主设计建造的抗浪型漂浮式光伏平台——“黄海一号”主体已全部建成，并成功装船下海，将安装于山东半岛南部黄海海域，开始我国漂浮式海上光伏实证研究工作。

说到太阳电池，大家应该都很熟悉，我们经常可以在屋顶上看到它的身影——那些大块的板。那如果说光伏平台，是不是就有点陌生了呢？一起来看看这个被称为“六边形战士”的抗浪型漂浮式光伏平台吧！

什么是光伏发电？

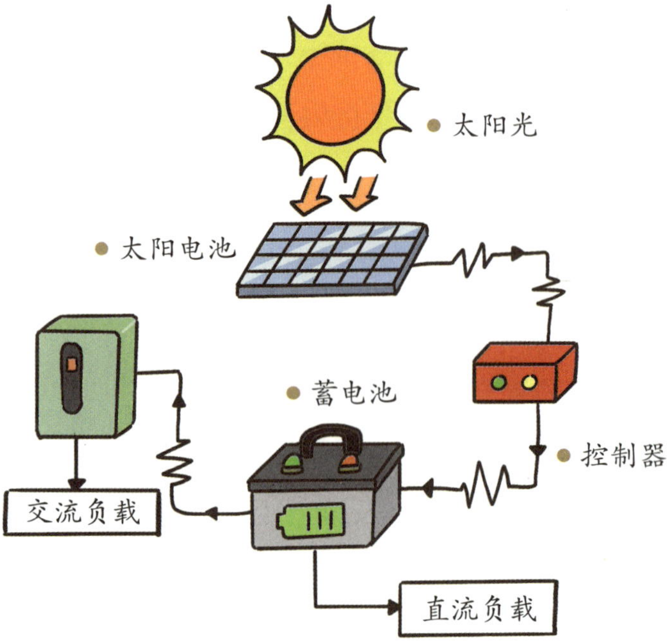

光伏发电技术是指利用太阳电池将光能直接转换成电能的技术。它不仅清洁、可再生，还不产生噪声。

然而，光伏发电需要占据大面积土地来铺设大量的太阳电池组件。在土地资源匮乏或生态敏感区域，这就变成了一个难以解决的问题。那么，哪里既拥有广阔的空间，又几乎没有任何遮挡呢？答案就是海洋！

海上“太阳能岛屿”

盐雾是海洋环境中由含盐液滴形成的雾，主要成分是氯化钠溶液，还含有其他盐类和杂质。它附着在设备表面会加速金属腐蚀，导致氧化和结构损坏，同时可能劣化绝缘材料，引起短路。

约占地球表面积 70% 的海洋为光伏系统的大规模部署提供了可能。海上几乎没有遮挡物，拥有更好的光照条件和更长的日照时间，有助于提升光伏发电效率。

不过，海洋环境中的高温、高湿和盐雾对太阳电池板、支撑结构和电线等设备有显著的腐蚀作用，可能降低其使用寿命和效率。此外，海浪、强风等自然因素还可能增加电站部件结构疲劳和机械故障的可能性。

除采用耐腐蚀材料和长效的维护策略以面对复杂的海洋环境外，为了抵抗海浪和强风，“黄海一号”上的太阳电池板全部平放，整个平台像一个个仰卧在海面上的“六边形战士”，随着海浪起伏。为了“躺”得更稳，设计人员还用 6 根长约 265 米、单根重量达到 55 吨的锚链，将平台与海床牢牢“锁定”，使其成为一座名副其实的海上“太阳能岛屿”。

相信在不久的未来，我们可以看到更多这样的“太阳能岛屿”出现在广阔的蓝色海域上。

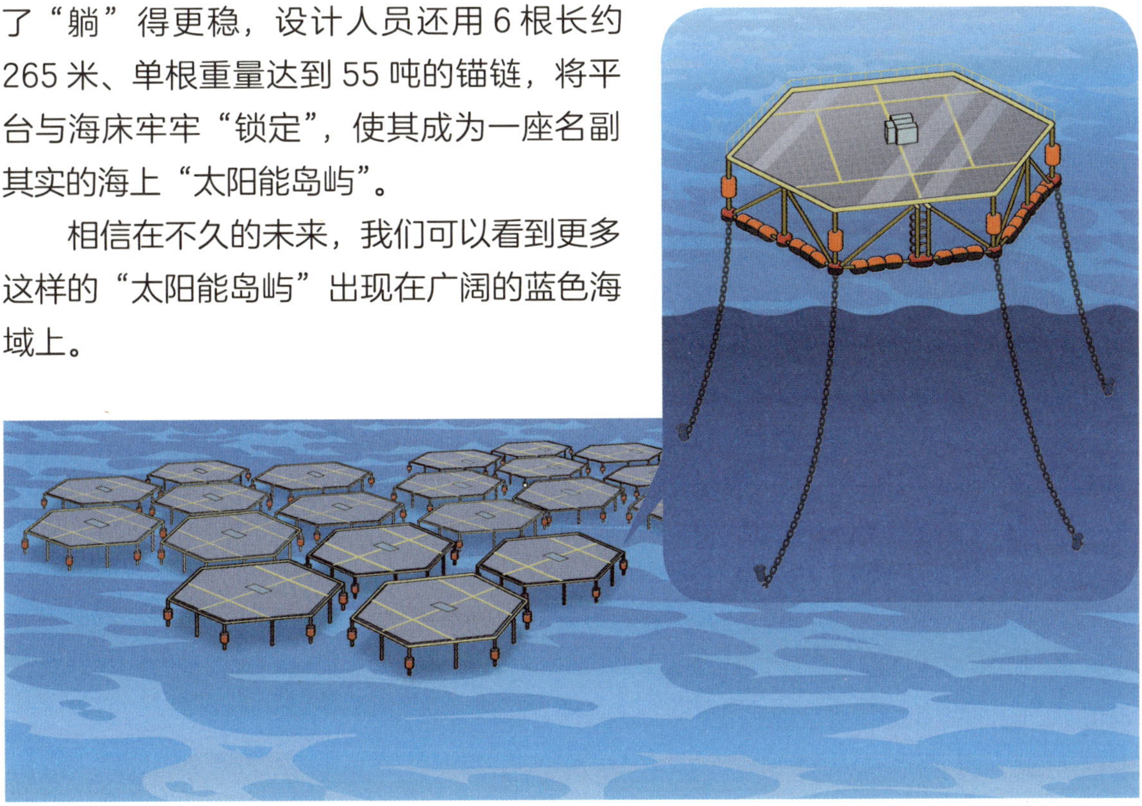

让液态金属在柔性电路中“盖高楼”

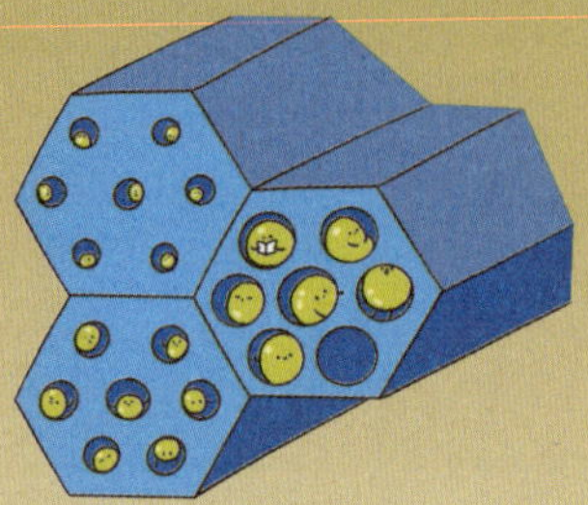

科技前沿

2024 年 6 月，厦门大学材料学院的研究团队于《自然·通讯》（*Nature Communications*）发表最新研究成果，他们制备了一种新型液态金属，可以被直接用于 3D 打印。

提到金属，大家往往第一反应就是“坚硬”。我们似乎只见过金属在高温熔融时呈现液态，但有一类金属，它在室温下可以像水一样流动，是不是很与众不同呢?

什么是液态金属?

汞是唯一在标准室温（25℃）和常压下保持液态的纯金属，熔点为 −38.87℃。一些合金也可以在常温常压下保持液态。

液态金属指的是在接近室温的环境中能够呈现液态的金属或合金，它不仅保留了金属固有的导电性和化学活性，还具备了液体的流动性和可塑性。

在可穿戴设备、可植入生物电子器件和软体机器人的研究中，需要制作既柔软又能拉伸的导线。液态金属因其优异的柔韧性和高电导率，被认为是制作这类导线的理想材料。但它也有明显的局限性：由于具有流动性，液态金属通常只能在平面上印刷成图案，难以实现三维结构的堆叠。

灵感来自洗手凝胶

研究团队筛选了大量材料，最终在日常使用的洗手凝胶上找到了突破口。洗手凝胶中的关键成分——卡波普（carbopol）分子，可以和液态金属表面发生相互作用，使液态金属形成微小的液滴堆积在一起，从而形成一种类似乳液的液态金属墨水，这种结构被团队命名为“高内相乳液凝胶结构”。那么，这种材料是如何被用于 3D 打印技术的呢?

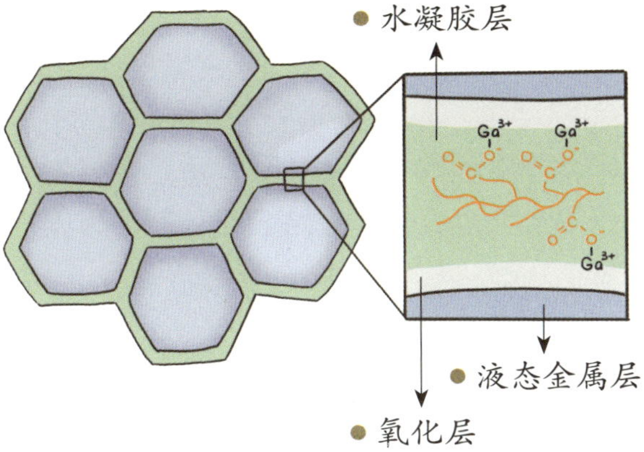

凝胶具有一种三维的网状结构。这种网状结构能够锁住水或其他液体，使其既有固体的形状，又能让液体在其中自由流动，具有一定的可塑性。

用液态金属“盖高楼”

首先，研究人员将液态金属和卡波普通过高速搅拌装置均匀混合，形成稳定的液态金属墨水；随后，将墨水注入改装后的 3D 打印机中；在打印过程中，液态金属可以保持特定的形状，像“盖楼”一样在三维空间中垂直堆叠。

此外，研究团队还开发了一种创新方法，通过施加电压激活金属墨水，解决其导电性可能受凝胶绝缘性限制的问题。这一突破性成果将显著拓展液态金属在柔性电子和复杂结构器件等领域的应用潜力。

为什么要把风力发电机搬到海上？

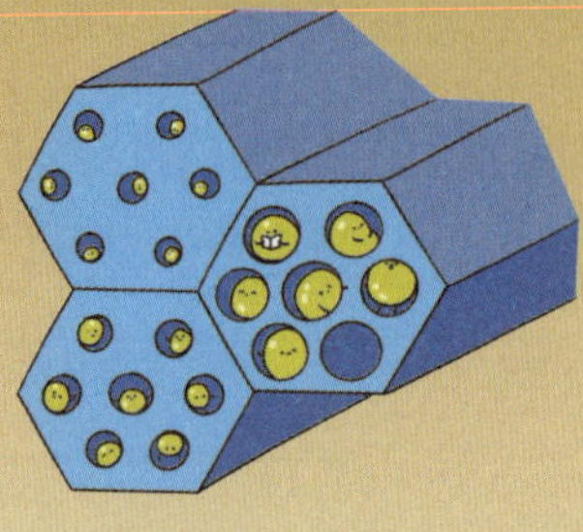

扫一扫，看视频

科技前沿

2024 年前三季度，中国海上风电新增并网容量 247 万千瓦，累计并网容量达 3910 万千瓦。目前，累计装机已连续 3 年稳居全球首位。

我国是风力发电的强国，当我们乘坐列车时，经常可以在郊外或山区见到许多风力发电机组。可是你知道吗？除了陆地，风力发电设施还能建在海上。

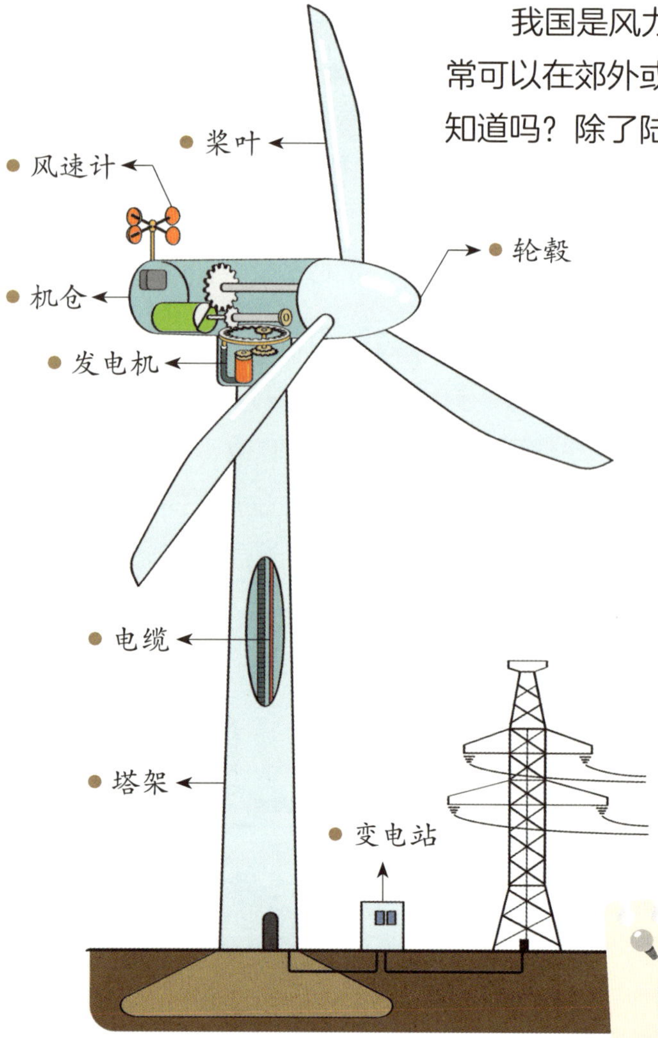

为什么要把风力发电设备搬到海上？

尽管陆上风力发电机已经广泛应用，但也存在一些局限。比如，受地形、场地表面粗糙度和附近障碍物的影响，不同高度的风速会存在显著差异，既影响了发电效率，还增加了设备损坏的风险。陆上风电场的噪声及转动特性会影响鸟类的迁徙和栖息，可能对生态环境造成破坏。陆上风电

风力发电机通过风力驱动叶片旋转，将风能转化为机械能，再通过发电机将机械能转化为电能。

场及配套设施还会占用大量土地资源，改变地表原貌。

相比之下，海上风电场具有风速更大、静风期更短、节约土地资源且无须考虑噪声污染等优点，同时对海洋生物和鸟类的影响较小。此外，在临近中东部用电负荷中心的海域布设海上风电场，便于输电和消纳。

身处海上风场的超级工程

海上风电场的风况普遍优于陆上，离岸 10 千米的海上风速比陆上高 20% 左右，且海上很少有静风期，发电时间更长，同等发电容量下，海上风机的年发电量能比陆上高约 70%。

福建省平潭岛是世界三大海上风场之一，有着风速高、涌浪大、海流急、台风频发等特点。为了利用此处的风力，建设团队动用了全球首艘 2000 吨级第四代海上风电安装平台“白鹤滩”号，完成 10 次以上大型吊装作业，克服了风浪大、地质复杂等难题。

2023 年 6 月，全球首台 16 兆瓦海上风电机组在平潭外海成功竖起，宛如一位“捕风巨人”。它的高度极为惊人，轮毂中心高达 152 米，而叶片尖端最高点更是达到了 278 米。叶轮直径达 252 米，扫风面积相当于约 7 个足球场，能够捕捉到广阔的风能资源。

该机组每年可输出超过 6600 万千瓦时的清洁电能，能够满足 3.6 万户三口之家一年的生活用电，可节约标煤约 2.2 万吨，减排二氧化碳约 5.4 万吨。

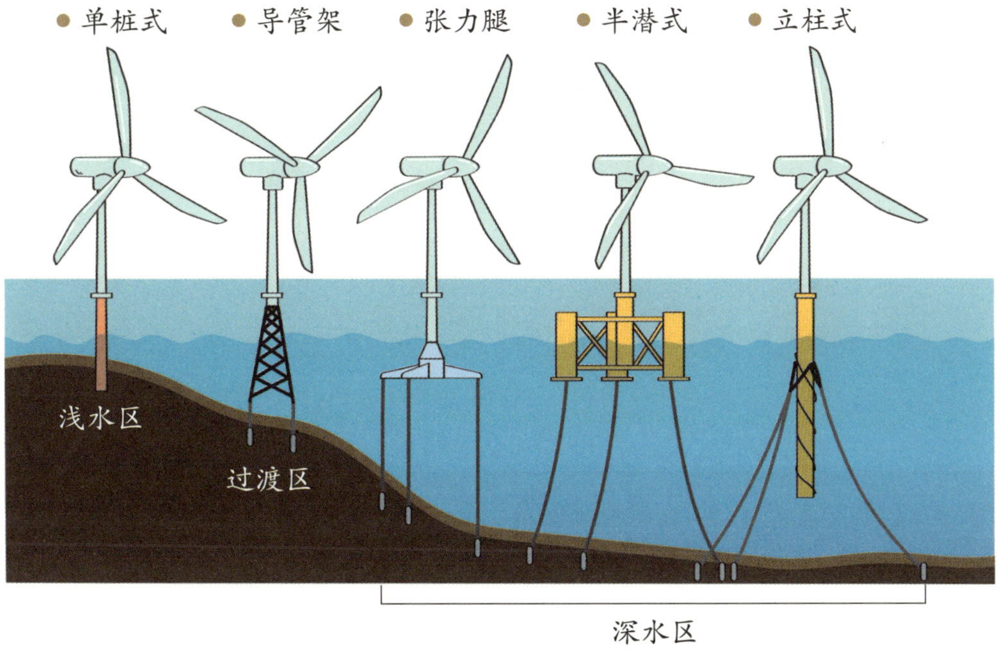

稀土材料：现代科技的“维生素”

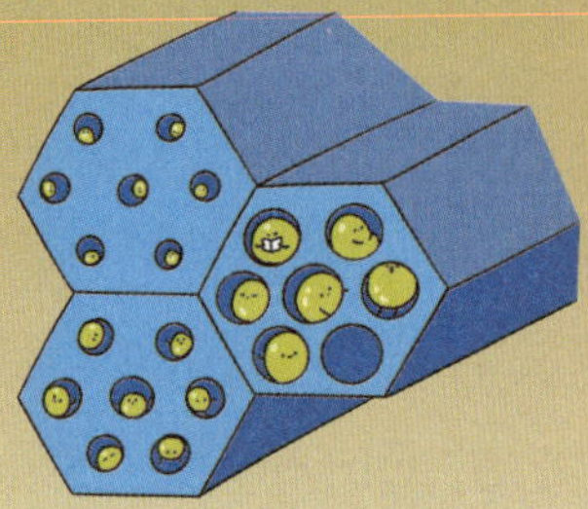

科技前沿

2023 年 10 月，国务院印发《关于推动内蒙古高质量发展奋力书写中国式现代化新篇章的意见》，明确要将包头建设成为全国最大的稀土新材料基地和全球领先的稀土应用基地。

“稀土”这个名字听起来既珍贵又稀少，但其实它离我们的生活并不遥远。小到手机、电脑，大到汽车、飞机，其中都有稀土材料的身影。那么，稀土到底是什么“土”？它真的那么稀有吗？为什么我国会如此重视这种资源呢？

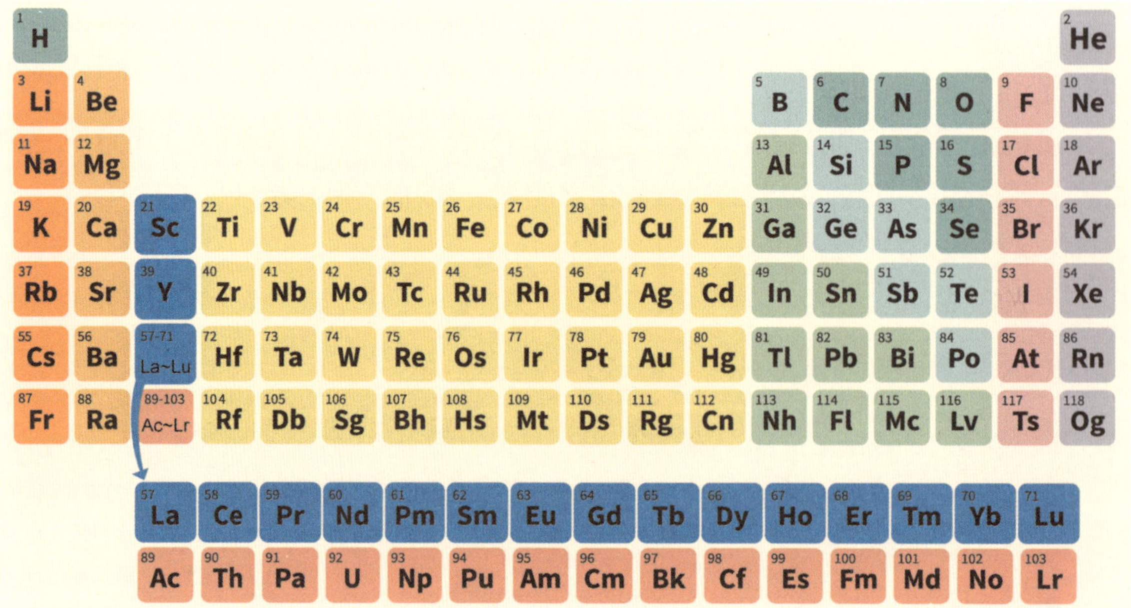

17 种稀土元素：钪（Sc）、钇（Y）、镧（La）、铈（Ce）、镨（Pr）、钕（Nd）、钷（Pm）、钐（Sm）、铕（Eu）、钆（Gd）、铽（Tb）、镝（Dy）、钬（Ho）、铒（Er）、铥（Tm）、镱（Yb）、镥（Lu）。在元素周期表中找一找它们的位置吧！

什么是稀土？

其实，稀土并不是土，而是化学周期表中镧系元素和钪、钇等 17 种金属元素的总称。直到 18 世纪末期，科学家们才陆续发现稀土元素。当时能够发现的稀土矿很少，通过提炼只能获取少量的氧化物，而科学家们通常把这些氧化物称为“土”，“稀土”因此而得名。但事实上，稀土资源在地壳中的含量并不低，我国的稀土储量更是位居世界第一。

稀土有哪些用途？

钕元素：可以制成磁性材料，应用于手机、计算机硬盘、风力发电机等设备。

铕元素：因其独特的发光特性，可以用于制作交通信号灯、LED 显示屏以及夜光手表等。

稀土在现代科技领域中有着广泛的应用，包括电子产品、光学玻璃、磁性材料、发光材料、催化剂等。以智能手机为例，镧元素可以用于提升镜头的光学性能，铽、镨、铕等元素则用于屏幕显示，确保色彩的精确显示。钕、钆和镝等稀土元素因其强磁性，在手机的扬声器、麦克风和振动单元中发挥着重要作用。稀土元素让科技产品焕发出新的生命力，因此被誉为“现代科技维生素”。

如今，全世界范围内每 6 项新发明中，就有 1 项与稀土有关，稀土资源的重要性不言而喻。稀土资源不仅能够推动经济发展，而且能保障国家安全，提升国际竞争力。未来，让我们期待稀土带来更多科技创新奇迹。

源于小龙虾的微塑料捕获神器

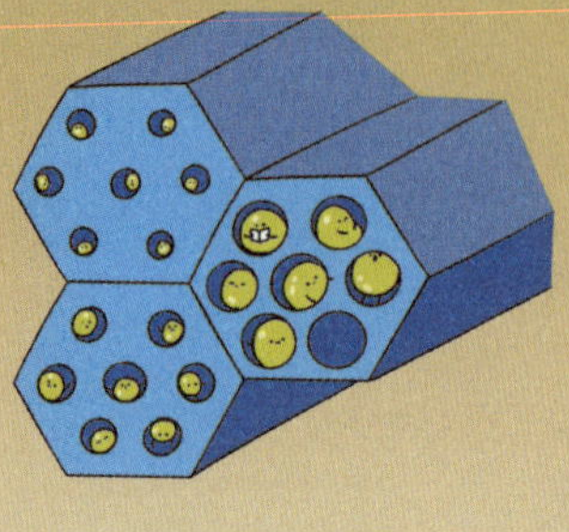

科技前沿

2024 年 12 月，武汉大学和华中科技大学组成的科研团队研发出了一种可重复使用、可生物降解的新型全生物质纤维海绵，为清除水中微塑料提供了新策略。

小龙虾是夏季的一道时令美食。但你知道吗？除了美味的虾肉，剥掉的小龙虾壳也有意想不到的用处！科学家们利用小龙虾壳，研发出了一种能捕获微塑料的特殊海绵，助力环境污染治理。

微塑料，指直径小于 5 毫米的塑料颗粒，是造成污染的一种主要载体。

隐形的“杀手”

我们日常生活中使用的塑料制品会随着时间的推移在阳光、风化及生物降解等作用下逐渐分解成微小的塑料颗粒，即微塑料。它不仅广泛存在于海洋、河流和湖泊，还悄悄渗透到了土壤、空气乃至我们的食物链中，对生态环境和人类健康构成了隐秘而严重的威胁。

那怎么才能避免微塑料污染呢？利用孔隙极小的材料去过滤和吸附微塑料，是一条有效的解决途径。

从厨余垃圾到“微塑料捕获器”

研究团队发现，将生活中常见的厨余垃圾——小龙虾壳收集起来后，通过两步简单的酸碱处理，就可以得到三维多孔小龙虾壳，将这种小龙虾壳投入水体中，可以吸附水中的微塑料。不仅如此，将“吸饱”微塑料的三维多孔小龙虾壳“冲洗”后，还可以重复使用，真正做到“以废治废”的绿色循环。

研究团队进一步发现，对小龙虾壳、鱿鱼骨、乌贼骨等生物质原料特殊处理后，可以获得甲壳素。通过纳米技术对甲壳素结构进行改造后可以得到甲壳素纳米纤维网络，再与源自棉花的纤维素微纤结合，就可以构建出一种新型全生物质纤维海绵。

甲壳素的应用范围非常广泛，可用于制作布料、纸张、杀虫剂、植物抗病毒剂、养鱼饲料、隐形眼镜、缝合线、人工透析膜和人工血管等。

研究人员在灌溉水、湖水、海水、池塘水等四种实际水体里对全生物质纤维海绵进行了测试，第一次使用时对微塑料的去除率高达 99.8%，五次循环使用后还可以保持 95% 以上的去除率。

这种多孔材料制备过程简单，且能够完全降解，是一种非常环保的材料，为微塑料污染治理提供了一种高效、经济、环保的解决方案。

给金属穿上“永久雨衣”

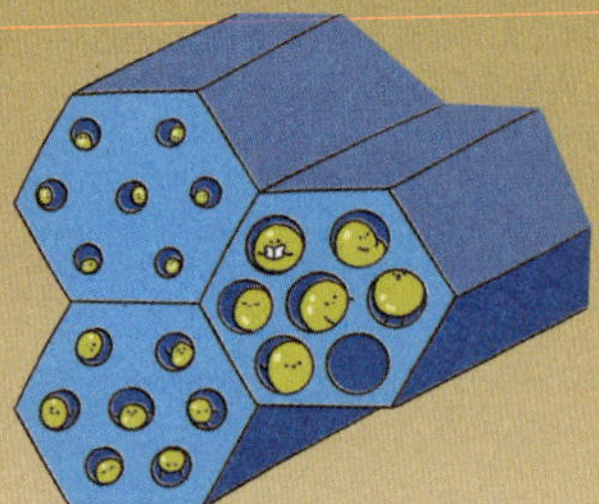

科技前沿

2024 年 11 月，中国科学院长春光学精密机械与物理研究所的专家团队在《先进材料》（*Advanced Materials*）上发表创新成果，通过飞秒激光与低温退火技术，首次在铝合金表面构建出仿生蚁穴状结构，实现了无须有机涂层的持久超疏水性能。

夏天雨后的池塘上，我们经常可以看到荷叶上滚动着水珠，颗颗晶莹剔透，非常灵动。其实，这个现象背后隐藏着一种神奇的特性——疏水性。而将这种特性赋予人造材料，疏水材料就诞生了。

灵感来自荷叶的疏水材料

液体与固体接触时，液体会附着在固体的表面上，这种现象叫作浸润。

一滴水滴在普通固体的表面时，水滴会紧密附着在物体表面，这一现象会给我们带来一些困扰，例如形成水渍、打湿衣物，甚至引起电子设备短路。因此，在日常生活和生产中，我们常常需要避免浸润现象的产生。

那为什么水滴在荷叶表面可以自由滚动，不产生浸润现象呢？放大观察荷叶表面，我们会发现一种类似绒毛的微小结构。这种特殊结构在叶面上形成了一层极薄的空气层，使得水滴不能浸润荷叶表面，从而表现出一种被称为“疏水性”的特性。

借鉴大自然的巧妙设计，科学家们发

明了一种纳米疏水材料，可以喷涂在物体表面来显著提升其疏水性能。

但是传统纳米疏水涂层在严苛环境中易被腐蚀，比如海水中的离子会渗入涂层内部，导致涂层逐渐分解脱落，就像被戳破的雨衣一样失去防水功能。

蚁穴状结构的金属“永久雨衣”

飞秒激光是一种持续时间仅一千万亿分之一秒的超快激光，快得能在材料上实现“原子级雕刻”而不产生热损伤。

专家团队独辟蹊径，采用飞秒激光雕刻和低温退火的方法，在铝合金表面成功打造出仿生蚁穴状结构，每个孔洞都能锁住空气形成“气垫屏障”，从而实现超疏水效果。此外，通过精确控温，使金属原子进入“次晶态”，这种状态下，原子既不像晶体那样整齐排列，也不像非晶体那样完全混乱。这相当于给金属镀上了一层“原子级蜡”，进一步增强了材料的疏水性和稳定性。

实测表明，这种铝合金表面结构在盐水中浸泡 83 天（约 2000 小时）后仍“水过无痕”，耐腐蚀性提升了 10 万倍，并且轻松通过了酸碱浴、紫外线照射、极寒等极端条件的考验。这项突破成功攻克了传统超疏水材料在真实环境中寿命短的难题，为船舶防污、飞机防冰等工程难题提供了全新的解决方案。

“甜点区”预测技术
——从岩石缝中找到石油！

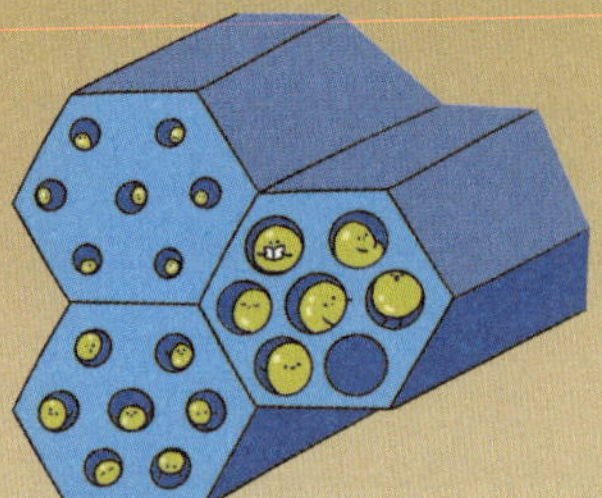

扫一扫，看视频

科技前沿

2024 年 1 月 9 日，中国石化在重庆市梁平区的兴页 9 井取得重大突破，单日产油量高达 108.15 立方米，单日产气量达到 1.58 万立方米，这一成果标志着我国陆相页岩油勘探开采技术取得重要进步。

从我们脚下的运动鞋到手中的智能手机，从化妆品到汽车燃料，石油的身影无处不在，它是我们生活中不可或缺的一部分。随着石油勘探和开采技术的发展，如今从岩石缝里也可以“榨出”石油。

什么是页岩油？

专业机构的评估报告表明，目前世界页岩油（致密油）技术可采储量规模约为 3450 亿桶，我国页岩油技术可采储量约为 322 亿桶，排名全球第三。

页岩油是藏在岩石层中的一种非常特殊的石油，它不像传统的石油那样可以在地下自由流动，而是被紧紧锁在页岩的小小孔隙中。就像是被密密麻麻的石头网困在地下的“液体金子”，虽然储量不少，可开采起来难度也不小。怎样找到隐藏在页岩孔隙里的石油，就成了开采前要突破的第一道难关。

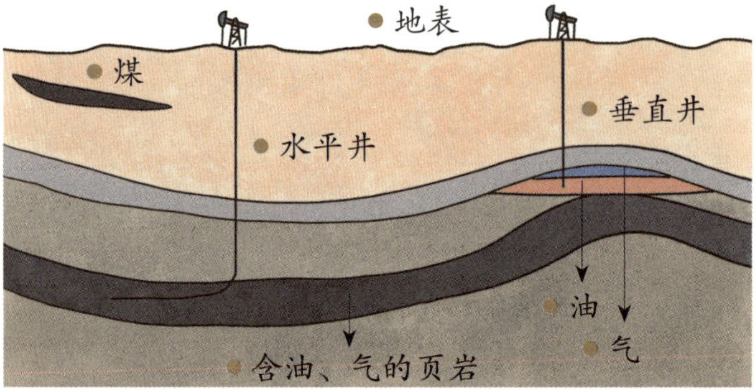

我国页岩油开采起步晚，但发展迅速，目前已在众多大中型盆地实现了工业突破和规模开发。现在，我国已经是全球陆相页岩油商业化规模开发最成功的国家之一。在开发过程中，我国逐步突破了不少技术难点，其中就包括“甜点区”预测技术。

在油气勘探开发过程中，油气相对富集，且在当前经济、技术条件下具有较好开发收益的区域或油气层段被称为“甜点区”。

什么是“甜点区”预测技术？

“甜点区”预测技术主要包括大数据资源评价技术、致密储层微观结构的三维可视化、关键地质参数的定量表征、地质-工程一体化识别技术四个核心部分。

通过“甜点区”预测技术，石油勘探团队能够精准定位含油量最丰富、开采价值最高的区域，就如同在茫茫沙漠中找到一片隐藏的绿洲。当然，找到油藏只是第一步，接下来要面对的是开采页岩油所带来的全新挑战。不过，兴页 9 井的成功开采标志着我国石油工作者已攻克了这一系列难关，为页岩油的高效开发奠定了坚实基础。

从“沸石”到介孔材料，探索孔洞的奥秘！

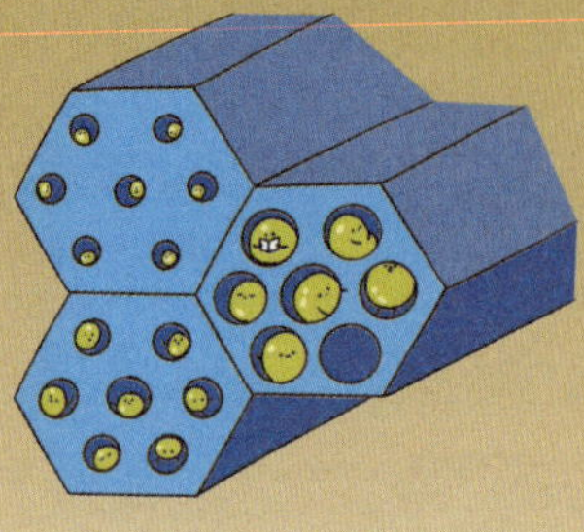

科技前沿

2024 年 5 月 22 日，国内首条吨级介孔氧化硅新结构生产线落成，为我国介孔材料规模化制备及产业化应用掀开新的一页。赵东元院士领衔的介孔氧化硅的研发技术团队在 2020 年度因完成“有序介孔高分子和碳材料的创制和应用”项目，获得国家自然科学奖一等奖。

说到石头，大家的第一印象肯定是致密坚硬。但有一种石头跟海绵一样有很多的孔洞，加热后会跟水沸腾了一样冒气泡，是不是很神奇呢？更神奇的是，科学家们研发出了一种跟“沸石”结构类似的新材料。这种新材料有什么特别之处呢？我们一起来看看吧！

石头为什么会“沸腾”？

比表面积是指材料单位质量或单位体积的表面积，通常用于描述多孔材料、粉末或纤维等物质。

海绵、珊瑚、活性炭等材料，大家一定都不陌生。它们有一个共同的特征，就是内部排布着大量的孔洞，这些孔洞大大增加了它们的比表面积。自然界中还有一种特别的石头，它们的内部也布满了微小的“洞洞”。这些石头大多源自剧烈的火山活动，它们的特色在于拥有极小的孔隙，孔径甚至可以小于 2 纳米，这种石头被赋予了一个有趣的名字——沸石。

自定义孔洞尺寸的介孔材料

如果把沸石的孔隙比作一个个房间，天然沸石的“房间”大小是固定的。如果能够自定义这些“房间”的尺寸，我们就可以根据需要，选择性地邀请特定的“客人”。赵东元院士的团队正是这种“沸石酒店”的设计师和建造者。根据实际需求，他们设计的材料孔隙比沸石的要大，这类材料被称为“介孔材料”。

1756 年，瑞典的矿物学家克朗斯塔特发现，有一类天然硅铝酸盐矿石在灼烧时会产生沸腾一样的现象，因此将其命名为“沸石”。

这些介孔材料的孔径一般在 2 ~ 50 纳米之间，这种较大的孔隙尺寸使得介孔材料更适合于容纳较大的分子或催化反应。

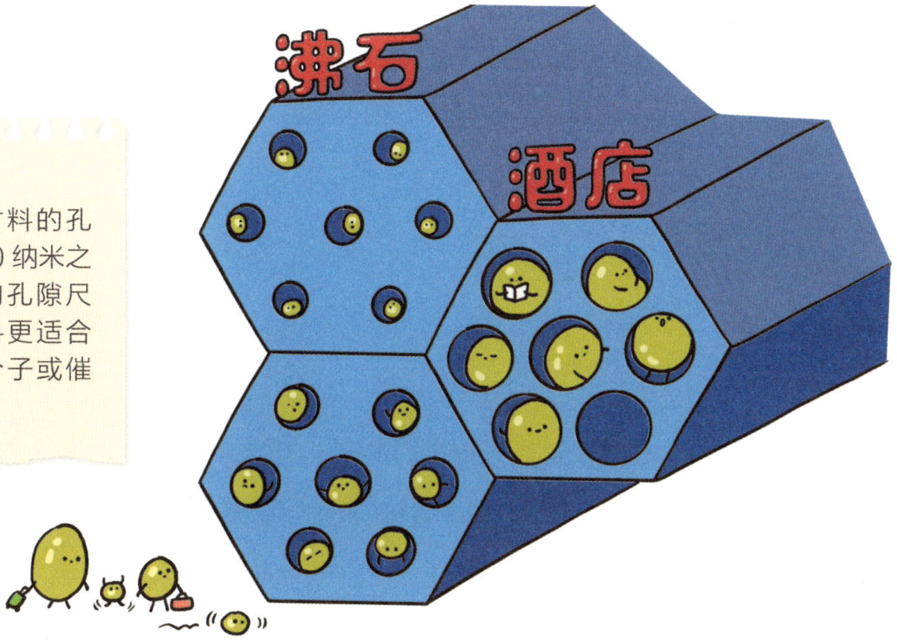

近年来，介孔材料因其独特的孔隙结构和大比表面积，展现出广泛的应用前景。在能源领域，它们可作为超级电容器和电池的关键材料，有助于提升能量存储和充放电效率；在石油化工中，它们可作为催化剂，提高重油转化率；在医药领域，它们可用于靶向药物输送；在环境治理方面，它们也被用于净化水体和空气。可见，介孔材料在多个领域都具有巨大的潜力和实用价值。

从“平民”到“贵族”，石墨烯为什么能逆袭？

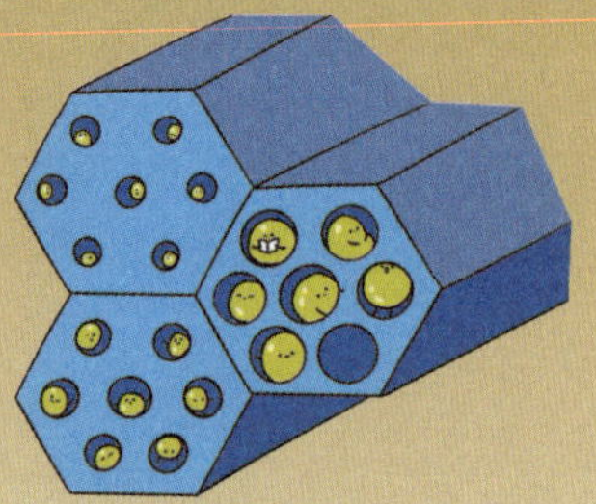

科技前沿

2024 年 6 月，我国科研人员通过对嫦娥五号钻采岩屑月壤的观察分析，首次发现了天然形成的少层石墨烯。

最近几年，石墨烯成了科技界的明星。这种新型材料不仅可以用于制造更强大的芯片、探索先进的医疗方法，而且在航天领域也大放异彩。在电池制造领域，石墨烯更被看成是推动手机和新能源汽车电池发展的强大力量。那石墨烯到底有什么“超能力”，让它能在电池技术的改革中扮演这么关键的角色呢？

吸收“电荷汤”的石墨烯

石墨烯的故事其实要从大家都熟悉的铅笔开始讲起。要制造石墨烯，我们需要把铅芯中的石墨层层剥离，直到只剩下一层薄薄的碳原子。

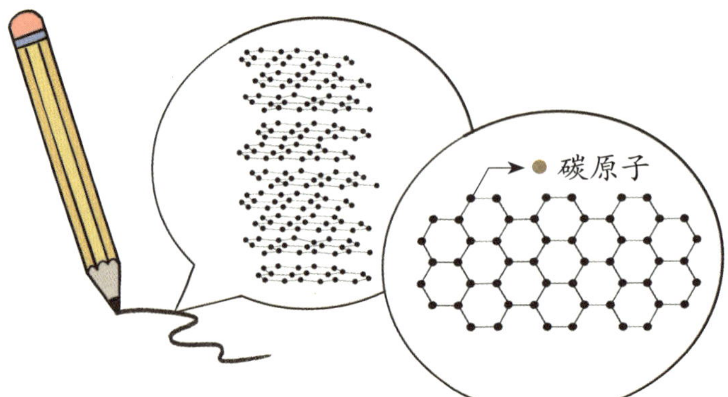

由于石墨烯的厚度仅是一个碳原子的直径，相当于一根头发丝的二十万分之一，因此它可以在单位质量下暴露出惊人的表面积。3 克石墨烯的比表面积就接近 1 个标准足球场。那么，这对石墨烯成为下一代电池材料有什么帮助呢？

想象一下，当我们在火锅中涮豆腐皮时，它能吸收大量的汤汁。对石墨烯来说，它吸收的“汤汁”就是电荷。巨大的比表面积意味着石墨烯的表面可以存储大量电荷，增加电池的能量密度。

英国物理学家安德烈·盖姆和康斯坦丁·诺沃肖洛夫，因成功从石墨中分离出石墨烯，并在单层和双层石墨烯体系中分别发现了整数量子霍尔效应及常温条件下的量子霍尔效应，获得了 2010 年度诺贝尔物理学奖。

“薄而不破”的石墨烯

石墨烯这么薄，它会不会很脆弱，稳定性很差呢？不必担心，石墨烯特殊的结构保证了其稳定性。石墨烯由碳原子构成，每个碳原子都巧妙地连接着其他三个碳原子，共同构成了一张平坦的蜂巢状网络。蜂巢的六边形结构不仅美观，还非常坚固，这是自然界中最强大的结构之一。

事实上，石墨烯的强度是惊人的，是我们熟知的钢的 200 倍！

石墨烯出色的强度使其制成的电池既轻盈又坚固，不用担心它会被轻易损坏。另外，石墨烯具有较高的化学稳定性，能够延长电池的使用寿命。

石墨烯还拥有一系列令人惊叹的特性。它不仅充电迅速、储能强大、极其稳定，同时又轻巧、坚固，甚至还能弯曲，这些特点让石墨烯成了制造下一代电池的理想材料。

点石成“丝”，石头也能织布？

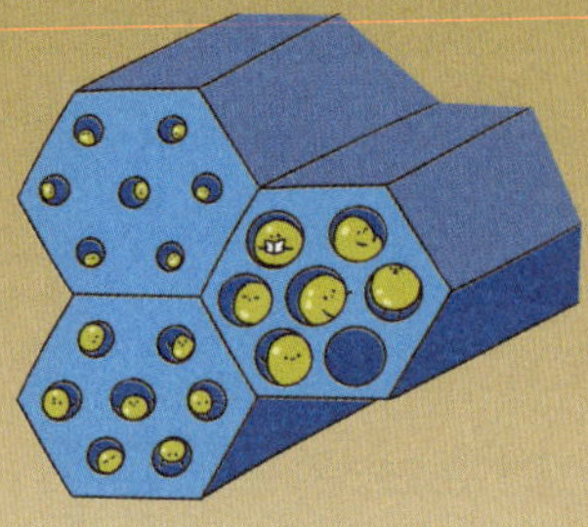

科技前沿

2024 年 6 月 4 日，嫦娥六号着陆器携带的五星红旗在月球背面成功展开，这是我国首次在月球背面独立动态展示国旗。这面国旗只有 11.3 克，质量不及两枚 1 元硬币，却是用一种石头——玄武岩制成的。

你能相信吗？嫦娥六号在月球背面展示的五星红旗竟然是由一种石头——玄武岩制成的，将坚硬的石头转变成柔软的纤维，这不仅是中国航天的一次壮举，也是材料学领域的一次重大突破。

为什么选择玄武岩纤维制作国旗？

我国重点发展的四大高性能纤维分别是碳纤维、芳纶纤维、超高分子量聚乙烯纤维和玄武岩纤维。

玄武岩纤维是一种以玄武岩为原材料的高性能纤维，它牢固而又轻盈，耐高温腐蚀，还是一种环保材料，生产过程中对环境的影响很小。正是由于这些特性，玄武岩纤维能成为制作这面特殊国旗的理想材料，让这面国旗能够轻松应对月球表面的极端温差和强烈辐射，并且保持鲜艳，不会褪色。

玄武岩是如何做成国旗的？

玄武岩是一种火山岩石，由火山喷发时产生的熔岩迅速冷却凝固形成。玄武岩与月壤成分非常接近，未来建造月球基地时可以就地取材，大大节省成本。

大家见过棉花糖的制作过程吧！将白砂糖倒入棉花糖机后，吐出来的就是棉花糖丝了。用玄武岩制作国旗的原理就类似于用棉花糖机做棉花糖，先把玄武岩石块粉碎，再经高温熔融，将熔融的玄武岩通过细小的喷嘴拉成非常细的丝线。然后，将这些细丝冷却并整理成纤维，再纺成线，织成布。最后，将织好的布染色并印上国旗的图案。

虽然说起来简单，但实际制作过程有很多困难。玄武岩表面光滑、硬度高、容易碎、上色难度大，并不适合织成布料。科研人员不断努力，攻克了包括矿石熔融、澄清冷却和均质化以及拉丝等多个关键步骤，造出了既轻薄结实，又能够抵御月球极端环境的国旗，最终圆满完成了任务。

嫦娥六号在月球背面成功展示了五星红旗，让我们看到了玄武岩纤维的非凡潜力。它不仅在工业应用中大展身手，还在建筑、交通、国防等多个领域发挥着重要作用，让我们一起期待玄武岩纤维在未来带来更多的创新和突破。

如何在地球上造一个“太阳”？

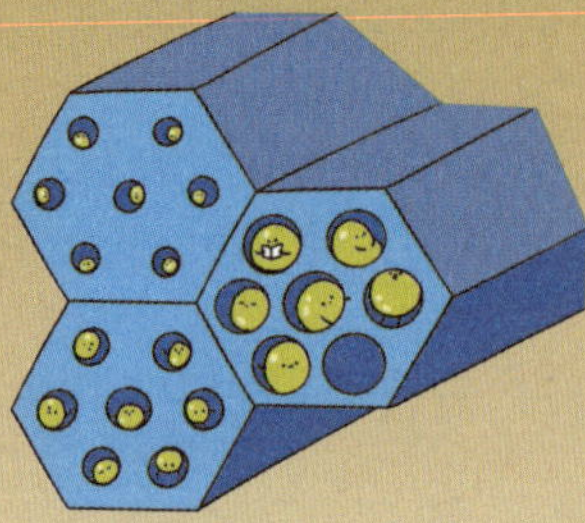

扫一扫，看视频

科技前沿

2025 年 1 月 20 日，我国有着“人造太阳”之称的全超导托卡马克核聚变实验装置东方超环（EAST）再次创造了新的世界纪录，成功实现了上亿度稳态长脉冲高约束模等离子体运行 1066 秒！

万物生长都需要太阳提供能量。在人类对能源的无尽追求中，太阳一直是最理想的能源提供者。如果能在地球上造一个“太阳”，人类就有望实现能源自由。但是，这要如何实现呢？

太阳能量的源泉——核聚变

质能方程可以用来解释核反应中的质量亏损和计算高能物理中粒子的能量。其中的 E 代表能量，m 代表质量，c 代表光速（常量，c=299792458 m/s）。

太阳能持续发光发热数十亿年，主要就是靠核聚变反应。在太阳的中心，高温和高压环境使得氢原子核相互撞击、融合，形成了氦原子核。聚变反应过程会损失一些质量，根据爱因斯坦著名的质能方程 $E=mc^2$，这些损失的质量被转化成了巨大的能量，并以光和热的形式辐射出来，也就是我们能感知到的太阳的光和热。

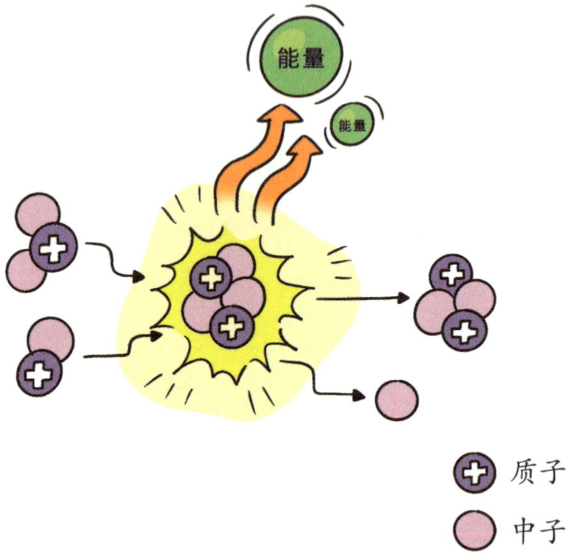

科学家们一直梦想着在地球上模拟太阳的能量产生过程。要重现这一

过程，就要实现可控核聚变，这需要满足至少三个条件：高温、高密度和稳定的环境。第一是高温，通常需要达到数千万到上亿摄氏度；第二是高密度，更高的粒子密度意味着原子核更容易相遇并发生反应；第三是稳定的环境，确保核聚变反应能够持续发生。

锁住"太阳"的 托卡马克装置

为了实现核聚变所需的高温、高密度和稳定的环境，科学家们设计了托卡马克（Tokamak）装置。这个装置利用强大的磁场来控制和约束高温等离子体，模拟太阳内部的核聚变过程，从而释放出巨大的能量。

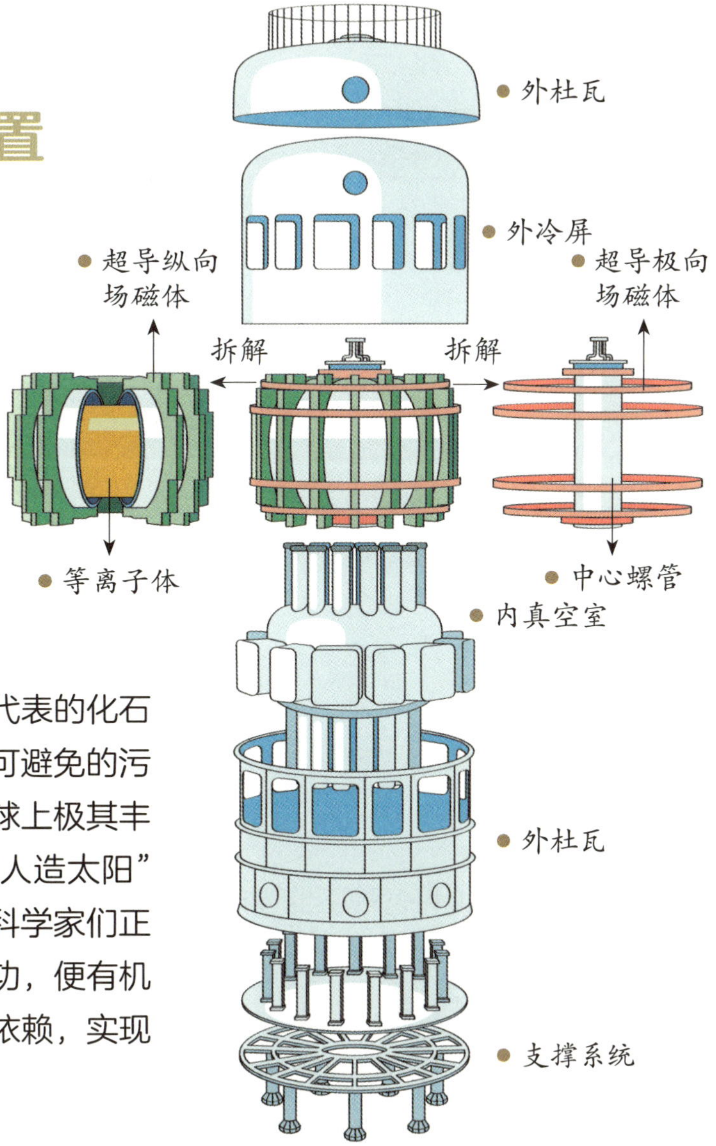

以石油、天然气和煤炭为代表的化石能源储量有限，并且会产生不可避免的污染。核聚变能源的原材料在地球上极其丰富，且排放物无污染。利用"人造太阳"照亮城市的目标看似遥远，但科学家们正在逐步打破技术壁垒，一旦成功，便有机会帮助人类摆脱对化石燃料的依赖，实现能源自由。

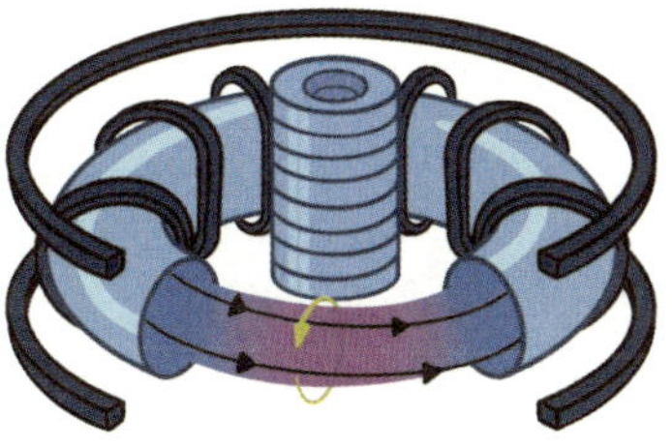

托卡马克装置在 20 世纪 50 年代由苏联科学家发明，它的形状就像一个甜甜圈，用强磁场为核聚变提供稳定的环境。

CCUS 是什么？为什么称它是“捕碳手”？

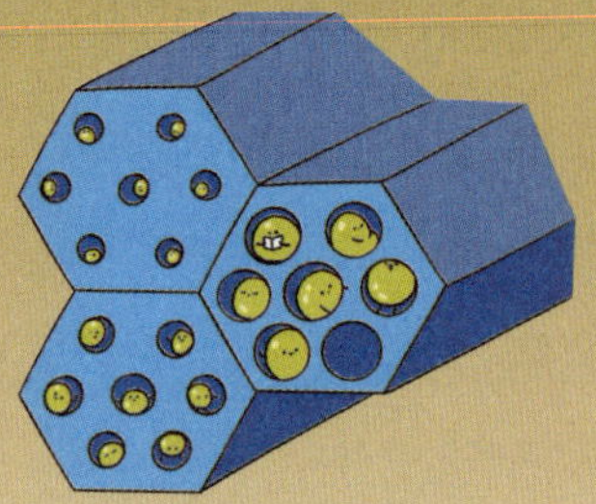

科技前沿

2023 年 6 月 2 日，亚洲最大火电二氧化碳捕集、利用与封存项目——国家能源集团江苏泰州电厂项目正式投产，每年可捕集消纳二氧化碳达 50 万吨。该项目由我国完全自主设计、制造、安装，是目前亚洲火电行业技术含量最高的 CCUS 项目。

随着全球气候持续变暖，减少温室气体的排放已经成了国际社会的共同责任。二氧化碳是主要的温室气体之一，在众多二氧化碳减排技术中，碳捕集、利用与封存（carbon capture, utilization and storage, CCUS）技术凭借显著的减排效果脱颖而出，备受关注。

什么是 CCUS 技术？

二氧化碳减排技术种类多样，包括可再生能源技术、能源效率提升技术、CCUS 技术、氢能技术、核能技术等。

碳的捕集是指将各种工业设施排放的二氧化碳收集起来。CCUS 技术可以通过物理吸附或者化学反应等方式将工业设施排放的二氧化碳提取出来，避免二氧化碳直接排放到大气中。

碳的利用是指将收集到的二氧化碳加以利用。二氧化碳的用处有很多，它不仅可以作为各类化工产品的原料，还可以用于食品加工、作为焊接时的保护气体，甚至可以用于石油开采。

碳的封存是指将收集到的二氧化碳储存起来。由于成本及技术原因，我们暂时无法将所有收集到的二氧化碳统统转化为有用的资源，因此只能暂时将它们储存在地下或者海洋中。

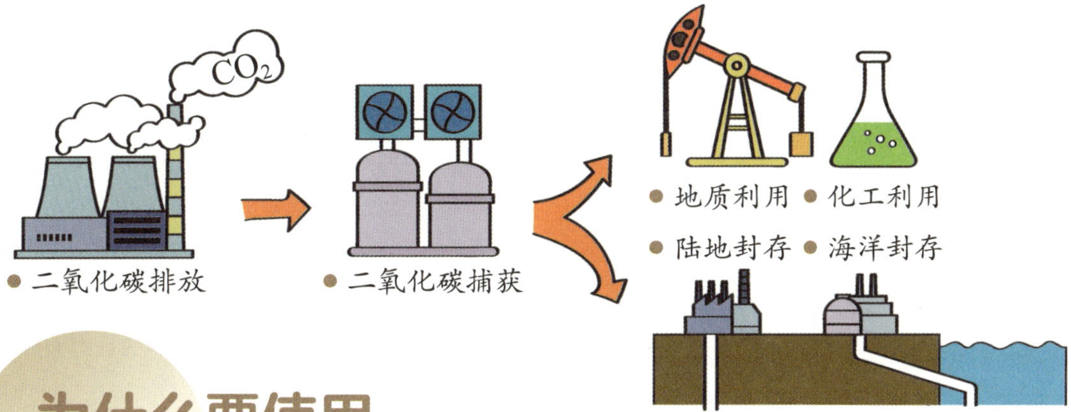

为什么要使用 CCUS 技术？

目前，化石能源依旧在我国工业生产中扮演着重要的角色，二氧化碳的排放不可避免。植树造林可以利用植物的光合作用吸收二氧化碳，但是速度慢，而且吸收的量有限。于是，科学家们想到了一种新的方法，那就是 CCUS 技术。

以 CCUS 固碳驱油为例，将收集到的二氧化碳液化后以加压的方式充入油田中，石油就会被“挤出来”。这种操作一方面可以将二氧化碳封存在地下，达到了固碳的目的，另外一方面还可以提高石油的开采率，可以说是“双赢”。

虽然目前 CCUS 技术的成本比较高，但是相信随着科学技术的发展，未来我们可以解决这个问题，更加广泛地使用这项技术。

将液态二氧化碳以加压的方式注入地下，地下石油聚集、少有缝隙，二氧化碳进入岩层后难以跑掉，石油就被“驱赶”出来了。

磁流体是什么？它为什么可以“流动”？

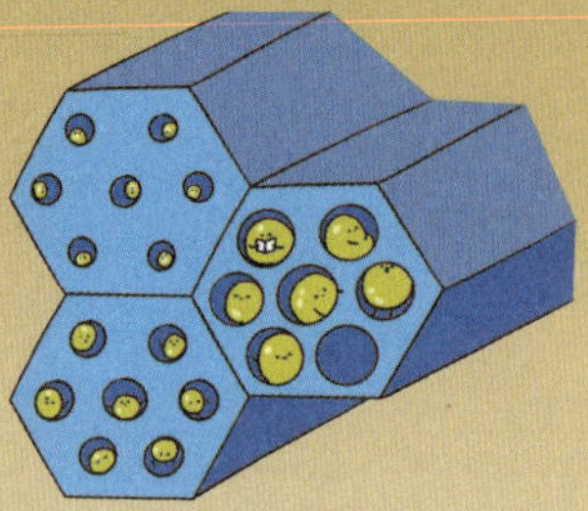

科技前沿

2022 年 9 月 16 日，在国际学术期刊《科学进展》（*Science Advances*）上，我国苏州大学、哈尔滨工业大学和德国马克斯普朗克智能系统研究所的研究团队发文称，联合开发了一款可重构微型磁流体机器人，这款机器人可以分裂成小块然后再重新融合。

说到磁铁，相信大家都不陌生，冰箱贴、指南针、门吸等都用到了磁铁。如果说有一种材料，不仅跟磁铁一样有磁力，还能在磁场的作用下，像漫威电影中的角色“毒液”那样随意变形，你敢相信吗？我们一起来揭开这种材料——磁流体的神秘面纱。

什么是磁流体？

我们可以把磁流体这个词拆开来理解。提到磁，我们很容易想到磁铁，它一般是固体，有正负两极，同极相互排斥，异极相互吸引。而提到流体，我们立刻就会想到水，它没有固定的形状，会随着容器的形状改变自己的形状。把这两种物质的特性结合起来，就可以大致了解磁流体的特征了。磁流体既具有磁铁的性质，会受到磁场的影响和控制，又可以像水一样流动。

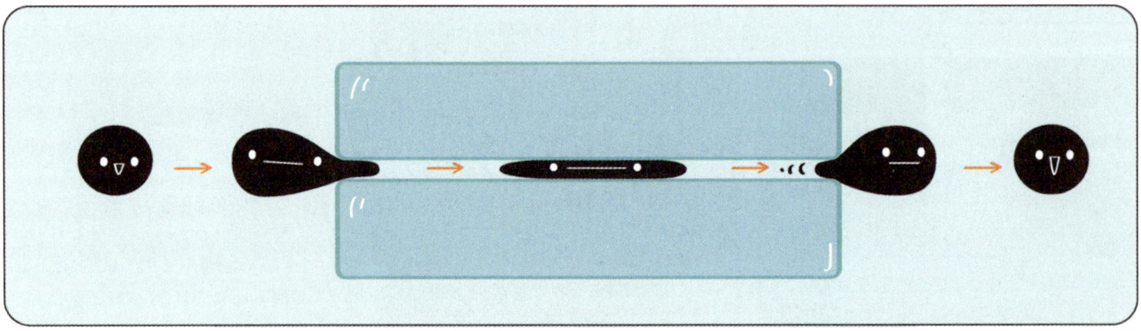

磁场作用下

如何制造磁流体？

表面活性剂是一种能够降低液体表面张力的特殊化合物，可以有效地防止磁性微粒互相吸引而团聚，从而保持稳定的分散状态。

这么神奇的磁流体是怎么制造的呢？科学家们首先把磁性材料变成纳米级的磁性微粒，然后用表面活性剂进行处理，最后把这些磁性微粒均匀分散在水、油、其他有机溶剂等载液中，形成稳定的胶体悬浮液。这样，磁流体就制作完成了。当没有受到磁场作用时，磁流体就跟普通的液体一样。一旦受到磁场作用，磁流体就好像有了生命一样，可以呈现出一个个尖刺的形状，甚至还可以变成各种有趣的形状。

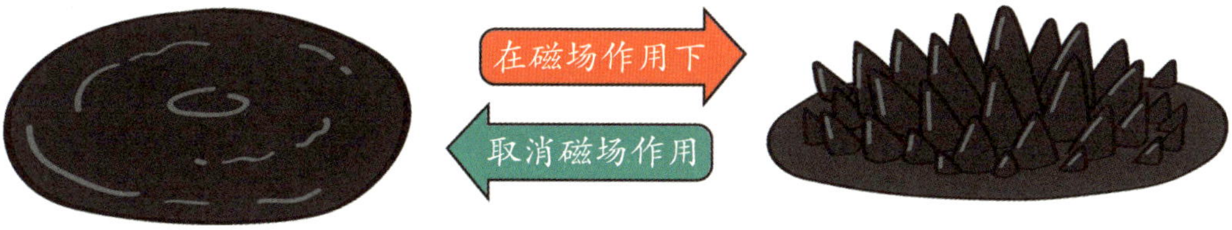

磁流体的应用有哪些？

磁流体在工程、医疗、电子仪器等许多领域都有着广阔的应用潜力，科学家们能够通过调节磁场来控制磁流体的移动和形状变化，进而完成一些复杂的操作。

真空密封是磁流体最早的应用场景之一，利用磁流体对磁场的响应特性，使磁流体充满需要密封的空间，从而制造真空环境，达到密封的效果。随着科技的发展，磁流体还被做成了微型机器人，在医疗领域大显身手。这种机器人可以灵活地变形和移动，穿过人体细小的血管和组织间隙，快速有效地将药物送到病变组织深处。

核能供暖，
暖气会有辐射吗？

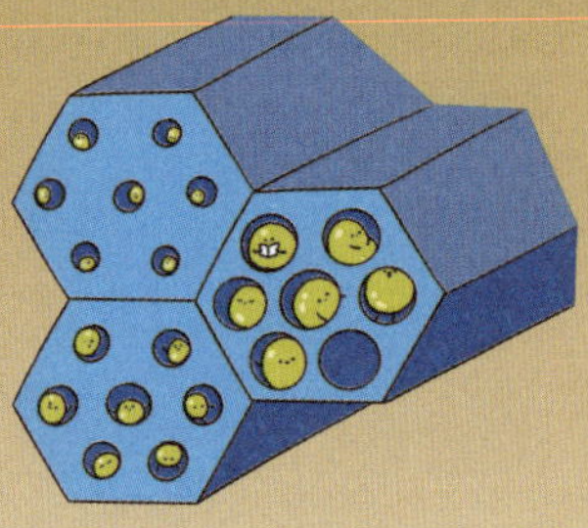

科技前沿

2024 年 11 月 15 日，我国首个核能供热商用工程“暖核一号”启动第六个供暖季供暖工作。本季供热面积合计近 1300 万平方米，预计供应清洁热量 460 万吉焦，可节约原煤消耗 41 万吨、减排二氧化碳 76 万吨，是烟台、威海地区清洁供暖的重要保障。

每到冬天，供暖就成了大家关注和讨论的热点话题。谈到核能供暖，大家在感到新奇的同时，也不免产生疑惑与担忧。核能可以用来供暖吗？暖气会有辐射吗？带着这些疑问，我们一起来了解一下核能到底是如何供暖的。

核电站是如何工作的？

核能供暖利用的是核电站在发电过程中产生的热量。所以，我们先来了解一下核电站是如何工作的。

燃煤电厂通过燃烧煤炭发电，将煤炭中蕴含的化学能转化为电能。而核电站“燃烧”的则是“核燃料”，把裂变反应产生的核能转化为电能。核电站的核心设备是反应堆，反应堆产生的内能，通过汽轮机做功，带动发电机发电。

核电站的工作原理：核燃料裂变反应释放出大量的热，将冷却水加热成高温蒸汽。蒸汽驱动汽轮机转动，带动发电机发电，再经过冷却系统处理后，循环使用。

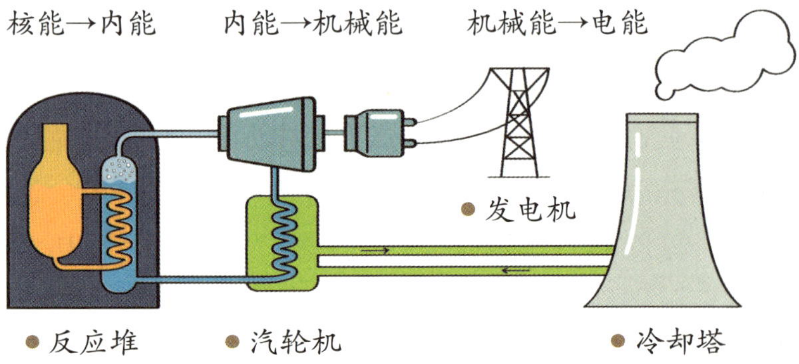

核能如何供暖？
会有辐射吗？

核能供暖指的是核电站在发电的同时，利用裂变反应的余热加热暖气用水，向居民供暖。通俗地说，就是用裂变反应产生的热来“烧水”，再用得到的热水继续“烧水”，通过多次“烧水”的过程，将暖气送进千家万户。就像我们平时吃的“自热小火锅”，它上下分层，上层放置食物，下层放置加热材料，食物和加热材料通过物理的方式隔绝，下层的发热材料仅发挥加热作用，不会与上层的食物接触。核电站与用户之间只有热量的传递，没有水的交换，自然就不会有放射性物质进入暖气管道。此外，供暖系统还有辐射监测装置，保证用户接触到的都是安全的热水。

核能供暖作为一种清洁、高效的供暖方式，有助于减少煤炭等化石燃料的使用，并且有助于实现“零碳排放”，为落实我国的“双碳”行动、达成“双碳”目标提供有力的支持。

海阳核电站除了可以为城市供电、供热，还可以进行海水淡化，为解决我国北方城市的取暖和淡水需求提供了新的方案选择。

可以像纸一样卷起来的
太阳电池

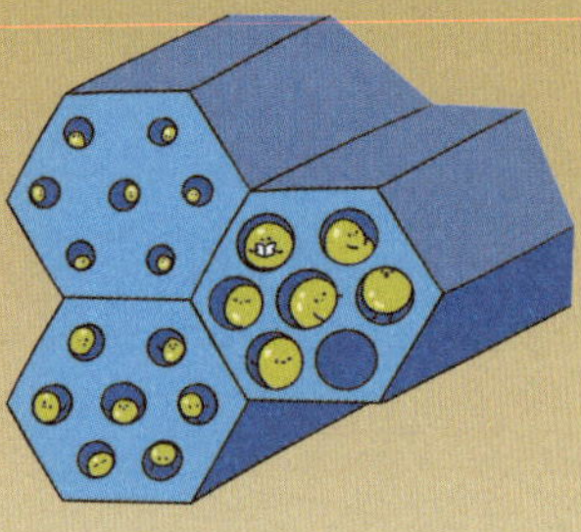

扫一扫，看视频

科技前沿

2023 年 5 月 24 日，中国科学院上海微系统与信息技术研究所的科研团队在国际学术期刊《自然》（*Nature*）上发表了一篇关于柔性单晶硅太阳电池的论文。该团队开发了一种边缘圆滑处理技术，使 60 微米厚的太阳电池可以像 A4 纸一样进行折叠，最小弯曲半径达到 5 毫米以下，而且还可以进行重复弯曲，弯曲角度超过 360 度。

太阳电池利用可再生太阳能，具有环保、高效、无污染等特点，越来越受到人们的关注。然而，传统的太阳电池通常是平板设计，不仅看起来很笨重，而且还很容易损坏。为了克服这些问题，科学家们一直在研制更加灵活、便携的太阳电池，以适应不同的环境。

常见的太阳电池
为什么都是板状的？

相信很多人对太阳电池的印象都是一块块大平板，略显单调、占据空间，不能灵活移动。为什么不把它做得小巧且美观一点呢？

这就要说到太阳电池中的重要元素——硅。硅是地壳中含量第二多的元素，同时也是目前最常用于半导体材料的元素。单晶硅太阳电池是市场上最常见的太阳电池之一。但美中不足的是，硅的微观结构决定了这种太阳电池硬度高，但脆性很大，在运输或者受到外力时，很容易碎裂。做成平板形状不仅便于封装，在运输时还能降低损坏风险，有效地保护太阳电池，提高整体的可靠性和耐用性。

板状设计对于固定安装在屋顶或用于定点光伏电站的太阳电池来说是非常合适的，但在需要灵活性和便携性的应用中就显得不够理想了。为了克服传统太阳电池的局限性，科学家们一直致力于柔性太阳电池的研究。

单晶硅太阳电池由高纯度单晶硅材料制成，具有较高的光电转换效率，是目前硅基太阳电池中技术和工艺最成熟的类型之一。

柔性太阳电池有哪些应用？

2023 年，我国的科研团队研发了边缘圆滑处理技术，这项技术改变了用于太阳电池的单晶硅片的边缘微结构，让硅片可以弯曲，同时还不会影响它对光的吸收能力，既保证了太阳电池的能量转换效率，又明显提升了柔性。

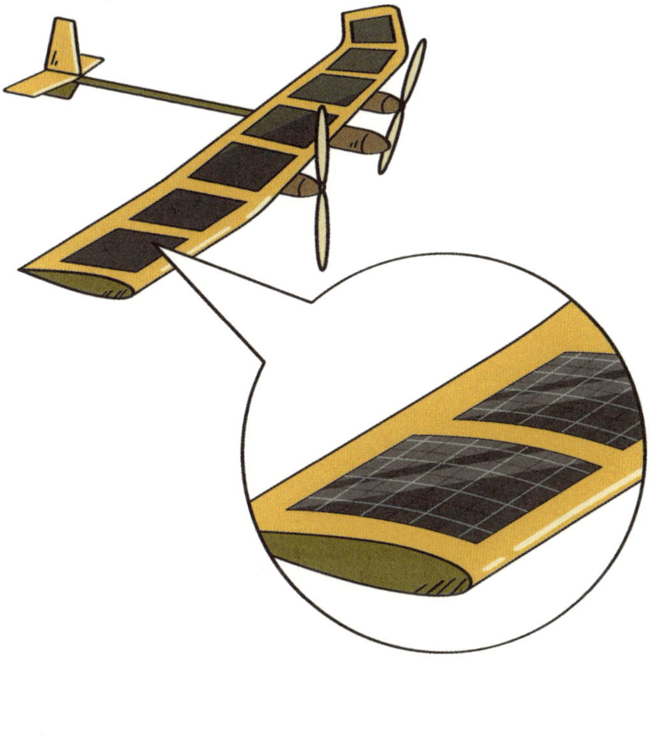

这种像纸一样能够卷曲和折叠的柔性太阳电池不仅破解了硅片的“力学短板”，还极大地拓展了太阳电池的应用场景。目前，这项技术已经成功应用于临近空间飞行器、建筑光伏一体化和车载光伏等领域。

未来，柔性太阳电池有望在更多的应用场景中发挥作用，如可穿戴电子设备、移动通信、航空航天等领域。

气凝胶为什么被称为“改变世界的新材料”？

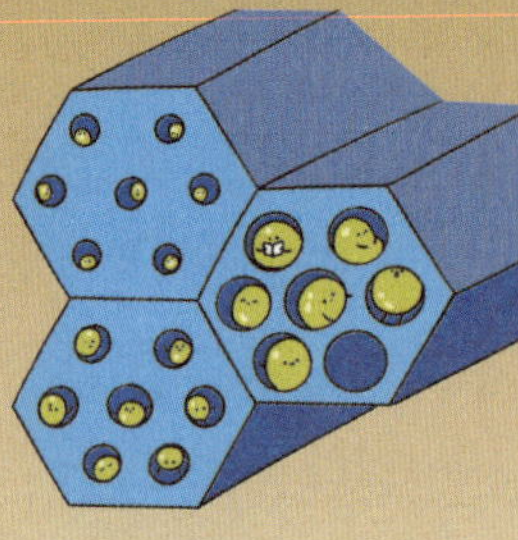

科技前沿

2024 年 11 月，东南大学的研究团队携手某科技公司正式对外发布新型水泥气凝胶材料。该产品通过仿生设计，将水泥与气凝胶结合，突破了传统水泥材料的性能界限，实现了绝热性能优异、强度高且成本仅为传统气凝胶二十分之一的重大突破。

气凝胶是一种固体材料，它的密度非常小，甚至一朵小花就可以托起糖果大小的一块气凝胶，显得十分轻盈。然而，轻盈只是它的一个直观特点，它还能隔绝高温。从宇航员的太空服到环保领域的吸附材料，气凝胶在多个领域都展现出巨大的潜力。随着研究的不断深入，气凝胶的应用前景还在不断扩大。

气凝胶是如何诞生的？

气凝胶是由美国科学家基斯特勒制造的一种新材料。它的诞生有一个有趣的传闻。据说，基斯特勒曾与朋友打赌，看谁能够先将果冻内的液体转换成气体，同时保证整体结构不发生变化，结果基斯特勒赢得了赌约。

果冻的主要成分是水和凝胶剂。我们平时吃的果冻都是固体，那么，其中的水藏在哪里呢？这就要说到果冻的微观结构了。实际上，果冻中的凝胶剂给水“建造”

> 气凝胶具有很强的吸附能力，被广泛应用于废水处理、空气净化和核废弃物处理等环保领域。

了许多“房子”，水就“住”在这些“小房子”里。这样看来，把果冻中的水换成气体似乎很容易，但实际上并非如此。因为如果直接让果冻中的水分蒸发，“房子”也会随之被破坏。基斯特勒经过不断的尝试，终于在 1931 年用超临界干燥技术解决了这个难题，制造出了世界上第一块二氧化硅气凝胶。

超临界干燥技术就是将液体的温度和压力提高到临界状态，再通过降低压力将其转化为气体，从而移除液体的干燥方法。

气凝胶的用处有哪些？

气凝胶特殊的孔隙结构中含有大量空气，使得它们密度很低，是世界上最轻的固体材料之一。除此之外，气凝胶的耐温绝热性能也非常优秀，如果把一朵花放在气凝胶上，即使用喷灯在下方高温炙烤气凝胶，鲜花依旧能保持完好。

气凝胶是航天领域中不可或缺的隔热材料，可以适应太空复杂的真空环境。天问一号探测器、嫦娥四号探测器都使用了气凝胶材料。利用气凝胶的强吸附能力，我国科学家研发了气凝胶“碳海绵”，对液体有机物有极强的吸附力，但却不吸水，可以完美解决海上轮船漏油的问题。

未来，随着科学家的深入探索，气凝胶必将为人类社会带来更多的可能性。

浙江大学高超教授的课题组制备的“碳海绵”密度为 0.16 毫克/立方厘米，约为空气密度的 $\frac{1}{6}$，可以吸收自身质量 250 ~ 900 倍的液体。

什么？“纸”还能防火防弹？

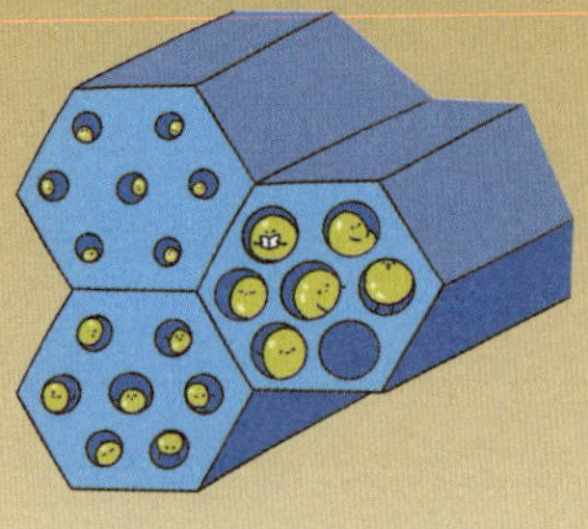

科技前沿

芳纶纤维是世界三大高性能纤维材料之一，2022 年我国已实现国产 F-12 芳纶纤维自动化生产。国产 F-12 芳纶纤维单根直径只有 14 微米——约为头发丝直径的$\frac{1}{6}$，用它做成 12 毫米的细绳，能拉动 20 多吨的重物，同样粗的钢绳只能拉动 8 吨。

纸是我们日常学习、办公不可或缺的文具。普通的纸易碎且易燃，但是有一种“纸”看起来平平无奇，却能防火防弹——这就是芳纶纸！

芳纶纸和普通的纸有什么区别？

芳纶纤维是一种理化性能优异的人工合成纤维材料，与碳纤维、超高分子量聚乙烯纤维并称为世界三大高性能纤维材料。

芳纶纸虽然名字中有“纸”这个字，但是和我们生活中常用的纸完全不同。普通的纸通常是由植物纤维制成的，而芳纶纸主要由芳纶纤维制成。芳纶纤维的主要成分是芳香族聚酰胺，是一种人工合成的纤维材料。

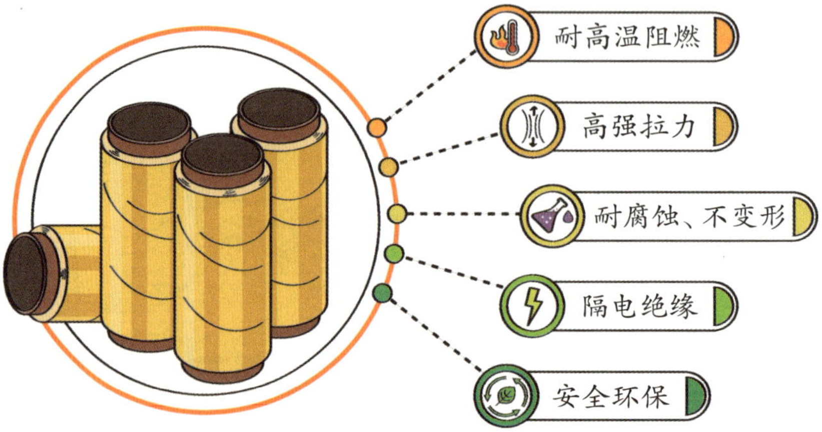

芳纶纸结实、耐磨、不怕高温、不容易燃烧，还能抵抗化学腐蚀，并且具有良好的绝缘性能，被广泛应用于各行各业。在电气领域，它能作为保护电机和变压器的绝缘材料。在制造飞机、航母和火箭的部件时，芳纶纸能减轻设备的重量，降低成本。在军事领域，它还可以制作更轻便的防弹衣和头盔。此外，消防员穿的防热服也用到了芳纶纸，能保护他们免受高温的伤害。

国产 F-12 芳纶纤维有什么用？

F-12 芳纶纤维的生产始于一种看上去像蜂蜜的纺丝溶液，通过高科技设备将这种溶液压成直径只有 14 微米的纤维，然后将这些纤维卷起来绕成束，就形成了 F-12 芳纶纤维。我国自主研发的 F-12 芳纶纤维不仅强度高，而且更加耐热、耐紫外线，能大幅降低火箭、卫星、航空器等的发射成本，有效推动我国在航天运输、军工行业的发展，是我国尖端科技领域重要的战略材料。

过去，高性能芳纶材料的生产技术一直被国外垄断，我国不得不依赖进口。F-12 芳纶纤维的成功研制，展示了我国科研人员的自主创新能力，也预示着我国在航空航天等高端技术领域将拥有更加坚实的材料基础。

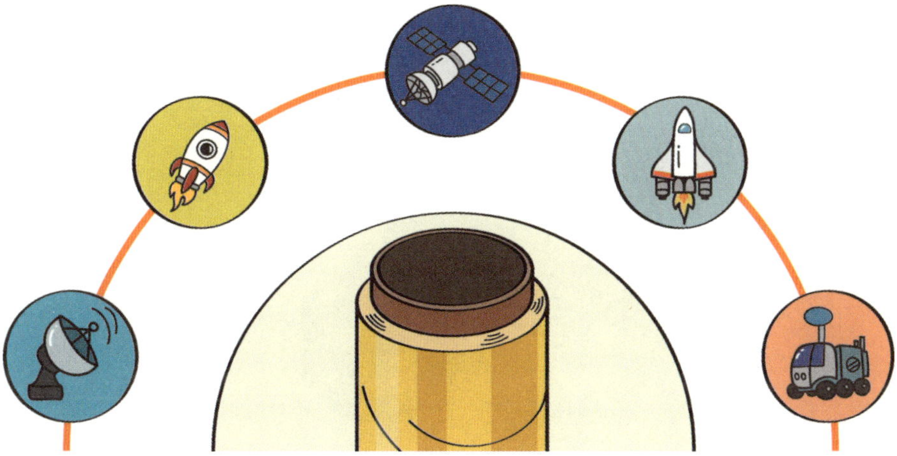

让战斗机更快、更“隐形”的
碳纤维复合材料

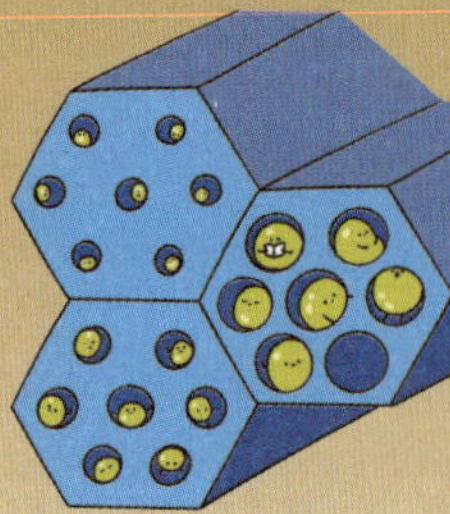

科技前沿

2023 年 5 月 24 日，中国建材集团所属中复神鹰碳纤维西宁有限公司年产 2.5 万吨高性能碳纤维项目全面投产，标志着全球海拔最高、单体最大的高性能碳纤维生产基地全面建成。

观看国庆阅兵直播时，你是否对那些在云端穿梭的战斗机感到好奇？它们看起来既轻盈，又坚不可摧。这一切都归功于碳纤维复合材料的神奇力量。

碳纤维材料有哪些优点？

碳纤维是一种质量小、强度高、具有优异的力学性能和化学稳定性的材料，它的主要成分是碳。

碳纤维的高强度是由它特殊的结构决定的。作为典型的纤维材料，碳纤维是细丝状的，这种细丝比我们的头发还要细得多。将这些细丝按照特定的方式排布连接起来就是碳纤维丝束——各种碳纤维制品的原材料。

微观上，碳纤维是由层状的碳片状晶体构成的，类似于蜂窝的形状。

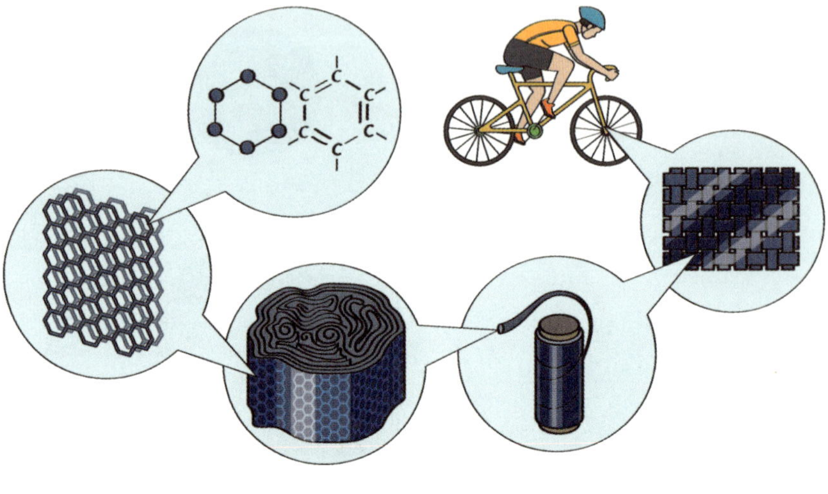

什么是碳纤维复合材料？

复合材料是由两种或两种以上物理性质、化学性质不同的材料组合而成的一种新材料。碳纤维复合材料可以说是在碳纤维的基础上制造出的“升级版”材料，它不仅继承了碳纤维的优点，而且展现出更高的强度，更优秀的抗冲击性、耐腐蚀性等。

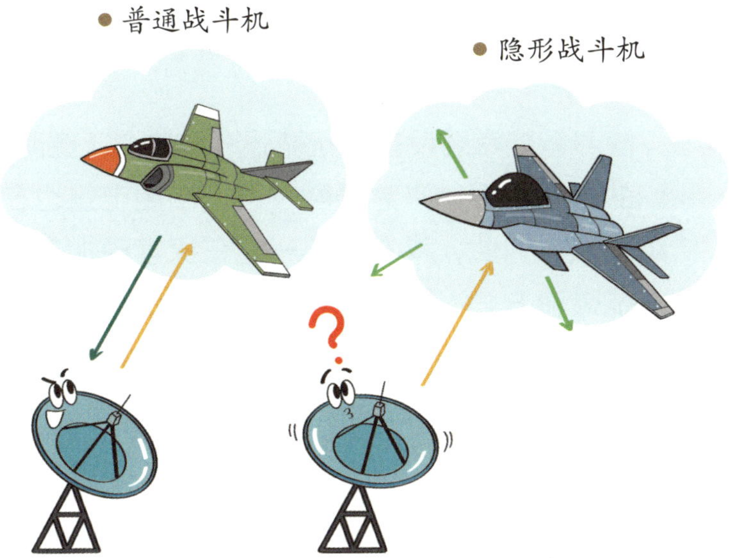

复合材料不仅继承了各组分材料的性能优点，而且通过各组分性能的互补获得了单一材料无法达到的综合性能。

碳纤维复合材料如何赋予战斗机卓越性能？

使用碳纤维复合材料的战斗机能够实现更快的速度和更高的机动性。同时，碳纤维复合材料优秀的耐腐蚀性与耐久性为战斗机的设计和结构优化提供了更大的空间，使战斗机能够有效适应各种严苛环境，延长其使用寿命。

除此之外，碳纤维复合材料还有“隐形”的特殊功能。这种材料可以吸收、分散甚至反射电磁波，减小或消除雷达回波信号，降低战斗机被雷达系统侦测到的概率，从而实现“隐形”功能。

随着对碳纤维复合材料研究的深入，它们将为新一代军事装备的发展提供有力的支撑，助力国防科技迈向更高的巅峰。

超导电缆

和传统电缆有什么区别？

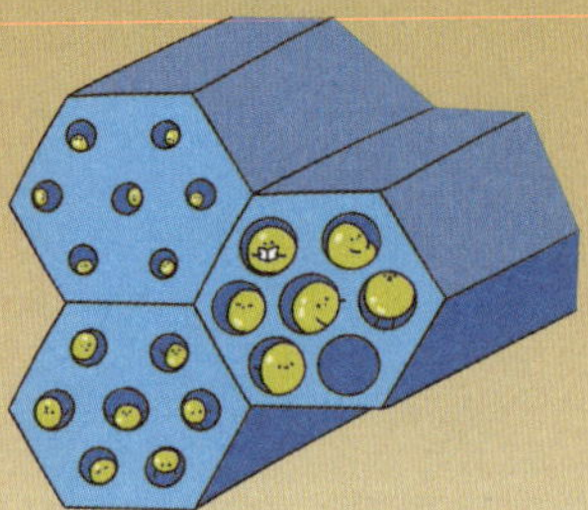

科技前沿

2024 年 9 月 17 日，坐落于上海市徐汇区的世界首条 35 千伏公里级超导电缆输电项目迎来了其投运以来的重要里程碑——安全运行满 1000 天。其输电能力相当于普通电缆的 4 ~ 6 倍，为徐汇区 4.9 万用户稳定输送电量近 4.9 亿千瓦时，展现了超导技术在城市电网应用中的巨大潜力。

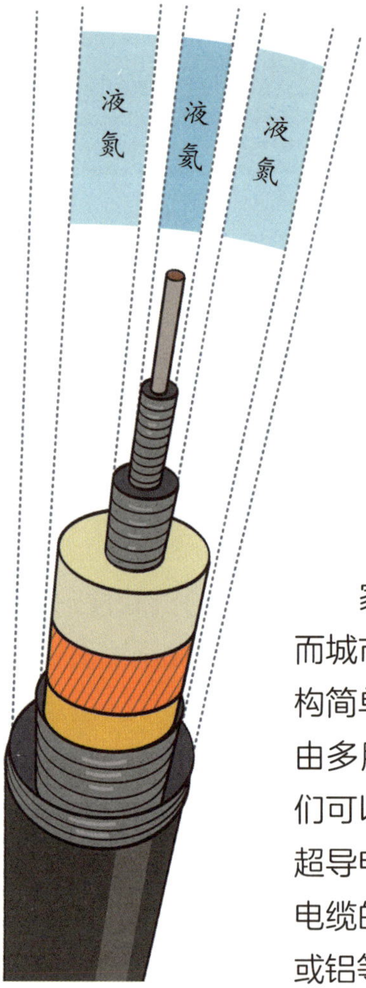

随着智能家居设备和新能源汽车的广泛应用，我们的生活变得越来越便利，但城市用电量也在持续增长。为此，科学家们一直在探索更加高效的电能传输方式。超导输电技术是目前最理想的输电技术之一，如果能广泛普及，将会惠及千家万户，给电力产业带来革命性影响。

什么是超导电缆？

家庭、学校、办公场所等地的日常用电会用到电线，而城市电网和更远距离的电力传输则要用到电缆。电线结构简单，一般由单股或少数几股导线组成，而电缆是一种由多股导线按照特定结构组合而成的电力传输设备，我们可以把它视为一种结构复杂的“大型电线”。顾名思义，超导电缆就是利用超导材料制成的电缆。超导电缆和传统电缆的主要区别在于导电材料不同。传统电缆主要使用铜或铝等金属导电材料，而超导电缆使用的是超导材料。

● 超导电缆内部结构

为什么要用超导电缆？

我们都知道，铜能导电，可以作为电缆的材料。但一般状态下，导体都存在电阻，当电流通过的时候，导体会发热，在电力传输过程中产生损耗。但超导材料就不存在这个问题，在临界温度下，超导材料会产生零电阻的现象。由于电阻为零，电流传导过程就不再产生热量和损耗。

与传统电缆相比，超导电缆的占地需求更小，但输电容量更大。超导电缆可以有效解决大城市用电密度高、建设场地紧张等问题。

超导电缆和传统电缆的比较

特　性	超导电缆	传统电缆	特　性	超导电缆	传统电缆
电阻	几乎为零	有电阻	占地需求	较小	较大
能量损耗	极小	较大	维护成本	高	低
输电容量	较大	一般	技术成熟度	发展中	成熟

超导电缆的建设难在哪里？

1911 年，荷兰物理学家昂内斯发现超导现象：当温度降至约 4.2 开尔文（−268.95 摄氏度）时，汞的电阻突然变为零。

超导电缆有许多优点，但是严苛的技术条件和高成本阻碍了它的大规模应用。因为目前大部分超导材料需要在接近绝对零度的超低温环境中才能展现超导性。要知道绝对零度可是零下 273.15 摄氏度，条件相当苛刻！这就导致了超导电缆需要配备专门的冷却系统，时刻保持超低温状态。这样一来，成本自然就高了。

尽管建设超导电缆困难重重，但其仍具有巨大的应用前景和长远的建设意义。随着科技的进步，相信超导材料的研究一定会有新的突破，从根源上解决成本问题。